高等学校"十三五"规划教材

大学物理实验

主　编　王德丰

副主编　魏艳玲

西安电子科技大学出版社

内 容 简 介

  本书是根据工程、师范院校的特点和近年来物理实验的发展趋势编写的。全书以大学本、专科非物理系学生为对象，以加强学生的动手能力、创新能力和素质培养为目的，主要包括绪论、基本技能训练性实验、基础性实验、综合设计创新性实验、微机数字实验 5 章内容，共计 28个实验。教师可以根据实际情况安排教学内容。有些实验可以安排学生选做或自行设计。每个实验后附有思考题，可供学生及教师参考，以启迪思维。本书物理学的计量单位采用法定计量单位。为了便于使用，书中附有物理量的常用表。

  本书适合普通高等院校理、工科非物理专业的本、专科生使用。

图书在版编目(CIP)数据

大学物理实验/王德丰主编. —西安：西安电子科技大学出版社，2017.9(2020.1重印)
(高等学校"十三五"规划教材)
ISBN 978 - 7 - 5606 - 4661 - 9

Ⅰ. ①大… Ⅱ. ①王… Ⅲ. ①物理学—实验—高等学校—教材 Ⅳ. ①O4 - 33

中国版本图书馆 CIP 数据核字(2017)第 210055 号

策划编辑 高 樱
责任编辑 祝婷婷 雷鸿俊
出版发行 西安电子科技大学出版社(西安市太白南路2号)
电 话 (029)88242885 88201467   邮 编 710071
网 址 www.xduph.com   电子邮箱 xdupfxb001@163.com
经 销 新华书店
印刷单位 北京虎彩文化传播有限公司
版 次 2017 年 9 月第 1 版   2020 年 1 月第 2 次印刷
开 本 787 毫米×1092 毫米 1/16 印张 12
字 数 283 千字
印 数 3001～3500 册
定 价 28.00 元
ISBN 978 - 7 - 5606 - 4661 - 9/O

XDUP 4953001 - 2

＊＊＊＊＊如有印装问题可调换＊＊＊＊＊

前　言

　　本书是根据工程师范院校的特点和近年来物理实验的发展趋势编写的。全书以大学本、专科非物理系学生为对象，以加强学生的动手能力、创新能力和素质培养为目的，主要包括绪论、基本技能训练性实验、基础性实验、综合设计创新性实验、微机数字实验这 5 章内容，共计 28 个实验。这些实验涵盖了力学、热学、电学和光学实验以及虚拟仿真等领域的知识，反映了科技新成果。实验内容灵活，有些实验还引进了计算机处理或采集数据，有些实验的设计性、综合性较强。每个实验后附有思考题，可供学生及教师参考，以启迪思维。

　　在知识取材上，本书内容新颖、知识面宽、实用性强。同时本书还根据物理实验独立设课的特点，独立构成完整的教学体系。

　　在编写本书时，我们反复推敲、精心设计实验内容，力求使教材与教学方法、教学模式的改革相配套。教师可以根据实际情况安排教学内容。有些实验可以安排学生选做或自行设计。

　　本书物理学的计量单位采用法定计量单位。为了便于使用，书中附有物理量的常用表。

　　本书由王德丰（编著 14 万字）任主编，魏艳玲（编著 12.3 万字）任副主编，王丹（编著 1 万字）、李玉文（编著 1 万字）参编。

　　由于我们水平有限，书中不妥之处恳请读者批评指正。

编　者

2017 年 5 月

目 录

第0章 绪 论

0-1 物理实验的目的和作用

一、物理实验的目的和作用

物理学是一门建立在实验基础上的学科。物理学的形成与发展是理论与实验相互结合的结果。物理学的原理、定律是在总结大量实验事实的基础上概括出来的，即使是根据理论推导出的"毫无破绽"的结论，也必须通过实验加以验证。只有被可重复的实验证明是正确的理论才被公认为科学理论。所以说，物理学不单是一门理论科学，也是一门实验科学。物理实验本身有一套实验知识、方法、习惯和技能。物理学的理论与实验各具特色，形成了理论物理与实验物理两大分支，这也是我们把物理实验课作为一门独立课程的原因。

物理实验就是用人工的方法创造出来各种特定条件的环境，按照预定的计划，顺序重现一系列物理过程或物理现象。其目的在于系统地训练学生的实验技能；熟悉常用仪器及测量工具的基本原理和结构，并能正确使用；弄懂实验的基本原理，熟悉一些物理量（如长度、质量、重力加速度、温度、电阻、电压、波长、折射率等）的测量方法；通过实际的观察和测量，加深对物理概念和规律的认识和理解，学会处理实验数据，具备误差分析的基本能力，为后续课程中的各种实验打下良好的基础。

二、怎样做好物理实验

物理实验作为一门独立的课程，它既不是理论课程的附属，也不是单纯为验证理论的正确性而重复前人的活动，它有其自己的特点和培养目标。这门课程明显的特点就是以培养学生的动手能力为主要内容，使学生掌握科学的实验理论和方法。大多数的实验原理部分是靠学生自学完成的，因此实验前的预习是十分必要的。如果条件允许，直接到实验室结合仪器进行预习，常常会"事半功倍"。物理实验包括的内容很多，对同一内容，所用方法也不尽相同，但是其程序是相同的，一般可分为三个阶段，即实验前的预习、完成实验、写实验报告（或论文）。

1. 实验前的预习

（1）认真阅读实验课教材及有关资料，了解所用仪器的性能及使用方法（最好直接到实验室了解）。

（2）写好预习报告。内容包括实验名称、实验目的、实验原理、主要步骤、记录数据所需表格等。

（3）记住预习中遇到的问题和实验中的注意事项。

2. 完成实验

完成实验是指自己动手调整、安装仪器，进行测量记录的过程。

(1) 对照教材或实验室所给资料(如说明书等)了解仪器的工作原理及用法,经教师允许后方可安装调试。

(2) 安装、调整后的仪器经教师检查后才能使用,进行测量和记录。当数据"不佳"时要首先检查自己的操作和仪器安装是否有误,或找教师解决,切忌为了达到和理论计算一致而人为地改动数据。

(3) 记录实验条件,如温度、湿度、气压、仪器型号、精度、组别等。

(4) 将记录的数据和实验仪器交教师检查,经允许后签字,整理好仪器,离开实验室。

3. 写实验报告

写实验报告是实验的最后一项工作,也是最重要的一项工作,一般应写出下列各项:

(1) 实验题目。

(2) 实验目的。

(3) 实验原理。要写明实验的基本理论、主要公式。

(4) 仪器设备。写明实验中所用的仪器、材料、工具等,而非教材上所列的仪器、工具。

(5) 实验的主要步骤。

(6) 实验数据。如果能列表格则尽量列表格。

(7) 数据处理。要求写清楚所用公式、计算过程(要代入的数据)或作图说明。

(8) 实验结果。实验结果必须包括最终结果 $\overline{A}$(可用算术平均值表示)、结果的误差范围 Δ(用总不确定度表示)以及结果的准确程度 E(相对不确定度)。同时要注意:一般的结果都有单位。综合起来,最终的测量结果应写成

$$A = (\overline{A} \pm \Delta)\,(\text{单位})$$

$$E = \frac{\Delta}{A} \times 100\%$$

(9) 误差分析讨论。应包括判定实验结果的不准确范围——不确定度;找出影响实验结果的主要原因;对实验结果的解释及对实验的改进意见;等等。

0-2　测量与误差

一、直接测量和间接测量

测量是物理实验必不可少的重要手段,物理实验离不开对物理量的测量。所谓测量,就是将被测量与已知量进行比较,而这些已知量就是我们常说的计量单位。在国际单位制(符号 SI)中有七个基本单位,即长度单位米(m)、质量单位千克(kg)、时间单位秒(s)、电流单位安培(A)、温度单位开尔文(K)、物质的量的单位摩尔(mol)、发光强度单位坎德拉(cd)。除了基本单位外,还有辅助单位以及由七个基本单位组成的导出单位。

测量值就是将待测的物理量与基本单位(或导出单位)比较得到的倍数(或分数),如测得摆长为 1 m 的 0.725 倍,则摆长就是 0.725 m。一般来说,物理量的测量可分为两类:直接测量和间接测量。通过仪器或量具直接读出测量值的结果,称为直接测量,如用米尺测长度、用天平测质量等。相应的物理量称为直接测量量。由直接测量量代入公式进行计算而得出的测量结果,称为间接测量,相应的物理量称为间接测量量。如要测定物体的密度

ρ，则先要测出物体的质量 m 和体积 V，然后用公式 $\rho = m/V$ 计算密度。又如测导体的电阻 R，可以用伏安法测出电阻两端的电压 U 和流过导体的电流 I，然后用公式 $R = U/I$ 计算出导体的电阻。当然，有的物理量既可以间接测量，也可以直接测量，这取决于实验方法和使用的仪器。如上面讲的导体的电阻，如果改用欧姆表测量，电阻 R 就成了直接测量量了。

二、测量误差

不论是直接测量还是间接测量，由于测量仪器、实验条件乃至人为的原因，无论怎样精细的测量，测量结果与客观存在的"真值"之间总有一定的偏差，这个偏差称为测量误差。测量误差的大小，反映了我们的认识接近于客观真实的程度。误差存在于一切测量之中，而且贯穿测量过程的始终。根据误差的性质和产生的原因，可将测量误差分为系统误差、偶然误差(随机误差)和粗差(过失误差)三种。

1. 系统误差

系统误差是指测量结果总向一个方向偏离，其数值一定或按一定规律变化。产生这种误差的原因有以下几个方面：

（1）仪器的误差，如天平两臂不等，砝码标称质量不准，米尺、仪表盘刻度不均匀等。

（2）理论（方法）误差，这是由于理论计算公式的近似或实验条件不能达到理论公式所规定的要求等造成的。如单摆的周期公式 $T = 2\pi\sqrt{l/g}$ 成立的条件是摆角趋于零，而这在实际中是办不到的。

（3）人身误差，这是由观测者本人生理或心理特点造成的，使得测量值偏大或偏小而引入的误差。

由于系统误差总是使测量结果偏大或偏小，因此多次测量求平均值并不能消除系统误差。要消除系统误差还要从产生系统误差的原因方面解决，比如：采用符合实际的理论公式；严格保证仪器和实验所要求的条件；多人重复做同一实验等。当然，造成系统误差的原因很多，每个实验都可能不一样，因此要具体问题具体分析，这有赖于实验者的理论水平和经验。

2. 偶然误差（随机误差）

由于偶然或不确定的因素所造成的每一次测量值的无规则的涨落，称为偶然误差（或随机误差）。偶然误差的存在虽然使每次的测量值大小不定，但它服从一定的统计规律：

（1）比真值大或比真值小的测量值出现的概率相等。

（2）误差较小的数据比误差较大的数据出现的概率大。

（3）绝对值很大的误差出现的概率趋于零。

因此，清除偶然误差的最好方法就是增加测量次数，用多次测量的平均值来表示测量值。

3. 粗差（过失误差）

粗差（过失误差）是指由于实验者在实验过程中粗心大意的过失行为而引起的误差，如读错数字或单位、记录写错、计算错误、操作不当等。粗差常会使测量值偏离真值很多，我们称其为"坏值"，应该剔除。粗差的产生完全是人为的因素造成的，只要我们做实验时严肃认真，细心操作，粗差就不会出现。

三、测量的精密度、准确度、精确度

精密度、准确度、精确度都是评价测量结果好坏的指标，它们之间既有联系，又有区别。

精密度是反映多次测量时偶然误差大小程度的量值。精密度高，说明多次测量结果比较集中，偶然误差小(但反映不出系统误差大小)。

准确度是反映测量值与真值接近程度的量。准确度高，说明多次测量的平均值偏离真值较小，测量结果的系统误差也小。

精确度是反映测量值精密度和准确度综合指标的量。测量值的精确度高，说明测量值比较集中，又都在真值附近，即测量结果的偶然误差和系统误差都很小。

图0-2-1以打靶的弹着点情况为例说明了这三个概念的意义。其中(a)表示精密度较高，但准确度一般；(b)表示精密度低，但平均结果较接近靶心，即准确度较高；(c)表示精密度和准确度都较高，即精确度高。

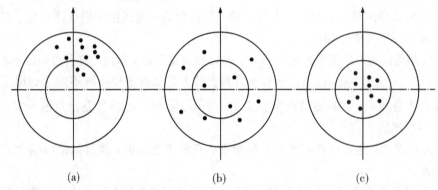

(a)   (b)   (c)

图0-2-1 打靶弹着点分布图

一般来说，测量结果的误差应为系统误差和偶然误差的总和，它的估算值称为测量结果的不确定度。提高测量结果的精确度就是尽可能地减少系统误差和偶然误差，这是误差分析的主要任务。

0-3 测量结果及其不确定度的估算

一、关于不确定度问题

不确定度是目前国际上普遍采用的一种评价测量好坏、估算测量误差的方法，是一种较新的物理概念。理解、掌握、运用、推广这种新思想与实际接轨，对于从事科学研究的人员来说，有着不可推卸的责任。在物理学中全面采用不确定度体系已成了必然趋势。

1. 不确定度的概念

表示被测量的真值所处的量值范围，称为被测量的不确定度，用 Δ 表示。它表示由于测量误差的存在而对被测量值不能确定的程度。不确定度 Δ 反映了可能存在的误差分布范围，即随机误差(偶然误差)分量和未定系统误差分量的联合分布范围。它可以近似理解为一定概率的误差限值，还可理解为误差分布基本宽度的一半。误差一般落在 $\pm\Delta$ 之间，落在区间 $(-\Delta, \Delta)$ 之外的可能性(概率)非常小。不确定度虽与误差有联系，但又不同于误

差。不确定度总是不为零的正值，而误差可能为正或为负值，也可能十分接近零（有效位数末位确定时也可能写成零）。不确定度原则上可评定出，而误差一般不能计算（只能估计）。

2．不确定度的分类

在实验中得不到误差，只能用偏差来估计误差。把多次测量时用统计学方法计算得到的偏差称为测量结果的 A 类不确定度，用 Δ_A 表示；而把用其他方法（非统计学方法）评定的偏差称为测量结果的 B 类不确定度，用 Δ_B 表示。A 类不确定度与 B 类不确定度之和称为合成标准不确定度。

二、直接测量结果及其不确定度的估算

测量结果表示中，必须包括测量所得的被测量值 $\overline{Y}$ 和总不确定度 Δ 及测量单位，如

$$Y = \overline{Y} \pm \Delta = (910.3 \pm 0.4)\Omega$$

表示真值（实际值）位于区间 $(909.9, 910.7)\Omega$ 之内（一般应等于或大于 95%），而真值落在该区间之外的可能性（概率）非常小。式中，$\Delta = \sqrt{\Delta_A^2 + \Delta_B^2}$。$\Delta_A$ 在测量次数 $5 < n \leqslant 10$ 时，近似地等于标准偏差 S_N（S_N 的定义在后面介绍），即 $\Delta \approx S_N$。当测量次数分别为 2、3、4、5 或大于 10 时，可以把 S_N 分别乘以因子 9.0、2.5、1.6、1.2 或 $2\sqrt{n}$，以得到置信概率约为 95% 的 Δ_A 的值。Δ_B 是各种系统误差的估计值，由于系统误差不只有一个，故有时用求和号 $\sum$ 和 Δ_{Bi} 表示，即 $\Delta_B = \sum \Delta_{Bi}$。并且假定各不定确定度是独立的。一般来说，$\Delta_B$ 的值通常由实验室近似给出。

1．单次直接测量结果及其不确定度估算

有时，由于条件所限，对某一物理量只能进行一次测量，如某特定状态下的温度等。有时，在精度要求不高的情况下，也无需多次测量，在这种情况下，测量结果就是当时的读数。而测量的不确定度通常用仪器的极限误差（误差限）Δ_{ins} 来估计。仪器的极限误差有时在出厂说明书或标牌上会直接给出，可以直接引用，若仪器没有说明，可以取仪器最小刻度值（即仪器的最大误差）的一半作为仪器的极限误差，即 $\Delta_{ins} = \Delta_仪/2$。例如，用米尺测量长度，米尺的最小刻度为 1 mm，则该仪器的极限误差可以认为是 $\Delta_{ins} = 0.5$ mm。还有一种情况，即电压表或电流表常用等级来表示其精度，电表的最大误差可以用式（0-3-1）来计算：

$$\Delta_仪 = 满量程 \times 级别 \% \tag{0-3-1}$$

例如：一个满量程为 10 mA 的 0.2 级的电流表的测量最大误差 $\Delta_仪 = 10 \times 0.2\% = 0.02$ mA，而该仪器的极限误差 $\Delta_{ins} = \Delta_仪/2 = 0.01$ mA。

2．多次测量结果及其不确定度的估算

如果条件允许，要得到较精确的测量值，常常需要对直接测量量进行多次测量。测量的结果一般用算术平均值与总不确定度一起表示。

1）以算术平均值代表测量结果

在相同条件下，如果对某物理量进行了 k 次测量，每次的测量值分别为 N_1、N_2、$\cdots$、N_k，则算术平均值（即测量结果）为

$$\overline{N} = \frac{1}{k}(N_1 + N_2 + \cdots + N_k) = \frac{1}{k}\sum_{i=1}^{k}N_i \tag{0-3-2}$$

由误差的统计理论可知，在忽略系统误差的情况下，当测量次数无限增加时，算术平

均值为最佳值或近真值。

2）多次测量结果的不确定度

由误差的定义可知，多次测量结果的不确定度等于测量值与"真值"的偏差。由于实际的测量总是有限次的，故真值并不确定，所以误差也无法确定，只能估计。

（1）多次测量结果的标准偏差。

我们把多次测量所得到的测量值 N_1、N_2、…称为测量列，有限次（k 次）观测中，测量结果的标准偏差 S_N 定义为

$$S_N = \sqrt{\frac{\sum_{i=1}^{k}(N_i - \overline{N})^2}{k-1}} \qquad (0-3-3)$$

而将测量结果算术平均值 $\overline{N}$ 的标准偏差 $S_{\overline{N}}$ 定义为

$$S_{\overline{N}} = \frac{S_N}{\sqrt{k}} = \sqrt{\frac{\sum_{i=1}^{k}(N_i - \overline{N})^2}{k(k-1)}} \qquad (0-3-4)$$

标准偏差能够较好地表示出测量值的分散程度，因此世界上多数国家的物理科学论文都采用标准偏差来评价数据。在物理实验中，用 S_N 近似表示 Δ_A，而用 Δ_{ins} 近似表示 Δ_B，作为直接测量量多次测量结果的总不确定度。

（2）多次测量结果的表示。

通常我们把测量结果及其不确定度写成 $N = \overline{N} \pm \Delta N$ 或 $N = \overline{N}(1 \pm \frac{\Delta}{N} \times 100\%)$ 的形式，其中 $\overline{N}$ 是多次测量的算术平均值，Δ 是总不确定度。在普通物理实验中 $\Delta = \sqrt{S_N^2 + \Delta_{ins}^2}$，这样计算的结果的置信概率约为 95%。由于偏差仅是对误差的估算，并不等于误差，只有测量次数越多，偏差才越接近误差，所以，在测量次数不多的情况下（如 50 次以下），不确定度的结果一般只取一位或两位数字。由于我们的实验测量次数都不多，故今后计算不确定度时只取一位数字。

例如：在长度测量实验中，测得铁块的长度数据记入表 0-3-1。若 $\Delta_{ins} = 0.001$ mm，写出测量结果。

表 0-3-1　长度测量实验数据

实验次数	1	2	3	4	5	6	平均值/cm
l_i /cm	8.123	8.129	8.118	8.124	8.120	8.124	$\overline{l} = 8.123$
$\|l_i - \overline{l}\|$ /cm	0	0.006	0.005	0.001	0.003	0.001	

$$S_i = \sqrt{\frac{\sum(l_i - \overline{l})^2}{k-1}} = \sqrt{\frac{0^2 + 6^2 + 5^2 + 1^2 + 3^2 + 1^2}{6-1}} \times 10^{-3} = 0.0038 \approx 0.004 \text{ cm}$$

$$\Delta = \sqrt{S_i^2 + \Delta_{ins}^2} = \sqrt{4^2 + 0.1^2} \times 10^{-3} = 0.004 \text{ cm}$$

最终测得铁块的长度为

$$l = \overline{l} \pm \Delta = (8.123 \pm 0.004) \text{cm}$$

应该注意的是，我们不能将上面的表示理解为 l 只有 $8.123 + 0.004 = 8.127$ cm 和 $8.123 - 0.004 = 8.119$ cm 两个值。8.123 cm 表示的是铁块长度的最佳值，而真值在

8.119~8.127 cm 的范围内的可能性最大。不同的估算方法得到的 Δ，表示在 $\overline{N} \pm \Delta$ 范围内包含真值的不同概率。显然，Δ 越小，测量越精确。有一种特殊情况，即重复测量几次，测量值不变，这并不说明误差为零，而是说明偶然误差小，仪器精度不足以反映其微小差异，此时应当作单次测量来处理。

（3）相对不确定度。

相对不确定度定义为总不确定度 Δ 与测量值 $\overline{N}$ 之比再乘以 100%，用 E 表示：

$$E = \frac{\Delta}{\overline{N}} \times 100\% \qquad (0-3-5)$$

相对不确定度是无量纲的，它适用于对不同物理量测量不确定度大小的比较。相对不确定度越小，说明结果的可靠性越大。例如，用米尺测得物体的长度为 (1.00 ± 0.05) cm，用天平称得物体的质量为 (50.15 ± 0.01) g，要比较这两个结果的可靠性只能用相对不确定度。前者为 0.5%，后者为 0.02%，说明后者的可靠性比前者大。

在普通物理实验中，有些物理量有公认的标准值，称为约定真值，用 A 表示，如物体的密度、物质的比热、电阻率等。在计算这些量的测量值的相对不确定度时，其表达式为

$$E = \frac{|\overline{N} - A|}{A} \times 100\% \qquad (0-3-6)$$

三、间接测量值的结果及其不确定度的估算

在物理实验中，有些量只能通过将直接测量值代入公式计算才能得到结果，我们称这一结果为间接测量值。由于直接测量值有误差，所以间接测量值也必然有误差，我们称其为误差的传递。

1. 间接测量结果不确定度的合成

设间接测量量 N 和 n 个直接测量量 x、y、z、$\cdots$ 的函数关系为

$$N = f(x, y, z, \cdots) \qquad (0-3-7)$$

N 的最终结果仍应写成 $\overline{N} \pm \Delta_N$ 的形式，其中 N 的最佳值应写成

$$\overline{N} = f(\overline{x}, \overline{y}, \overline{z}, \cdots)$$

即用各直接测量量的最佳值代入公式计算 N 的最佳值。那么，N 的不确定度又该如何估算呢？

如果 x、y、z、$\cdots$ 之间为和差关系，对式（0-3-7）进行全微分有

$$dN = \frac{\partial f}{\partial x}dx + \frac{\partial f}{\partial y}dy + \frac{\partial f}{\partial z}dz + \cdots \qquad (0-3-8)$$

如果 x、y、z、$\cdots$ 之间为商积关系，则对式（0-3-7）取对数后再求全微分有

$$\ln N = \ln f(x, y, z, \cdots) \qquad (0-3-9)$$

式（0-3-8）和式（0-3-9）表明：当 x、y、z、$\cdots$ 有微小改变 dx、dy、$dz\cdots$ 时，N 就改变 dN。可以证明，各直接测量量的标准差 S_x、S_y、S_z、$\cdots$ 与间接测量量标准差 S_N 的关系为

$$S_N = \sqrt{\left(\frac{\partial f}{\partial x}\right)^2 S_x^2 + \left(\frac{\partial f}{\partial y}\right)^2 S_y^2 + \left(\frac{\partial f}{\partial z}\right)^2 S_z^2 + \cdots} \qquad (0-3-10)$$

或

$$\frac{S_N}{N} = \sqrt{\left(\frac{\partial \ln f}{\partial x}\right)^2 S_x^2 + \left(\frac{\partial \ln f}{\partial y}\right)^2 S_y^2 + \left(\frac{\partial \ln f}{\partial z}\right)^2 S_z^2 + \cdots} \qquad (0-3-11)$$

从式(0-3-11)出发，人们公认：N的一种以标准差形式表示的不确定度，其合成(传递)公式形同式(0-3-10)，也是各分量标准差与偏导数之积的方和根。考虑到基础课的特殊性，我们通常采用和式(0-3-10)同形的总不确定度传递的近似公式式(0-3-12)或式(0-3-13)：

$$\Delta_N = \sqrt{\left(\frac{\partial f}{\partial x}\right)^2 \Delta_x^2 + \left(\frac{\partial f}{\partial y}\right)^2 \Delta_y^2 + \left(\frac{\partial f}{\partial z}\right)^2 \Delta_z^2 + \cdots} \qquad (0-3-12)$$

$$\frac{\Delta_N}{N} = \sqrt{\left(\frac{\partial \ln f}{\partial x}\right)^2 \Delta_x^2 + \left(\frac{\partial \ln f}{\partial y}\right)^2 \Delta_y^2 + \left(\frac{\partial \ln f}{\partial z}\right)^2 \Delta_z^2 + \cdots} \qquad (0-3-13)$$

式(0-3-12)和式(0-3-13)中Δ_x、Δ_y、Δ_z、$\cdots$为各直接测量量x、y、z、$\cdots$的总不确定度(即合成标准不确定度)。

一般来说，当$f(x,y,z,\cdots)$中各量间为加减关系时用式(0-3-12)比较方便；若各量之间为乘除关系时，用式(0-3-13)比较方便。下面是根据式(0-3-12)和式(0-3-13)列出的常用函数不确定度的传递公式，如表0-3-2所示。

表0-3-2　常用函数不确定度的传递公式

函数表达式	不确定度传递(合成)公式
$N = x \pm y$	$\Delta = \sqrt{\Delta_x^2 + \Delta_y^2}$
$N = x \cdot y$ 或 $N = x/y$	$\frac{\Delta}{N} = \sqrt{\left(\frac{\Delta_x}{x}\right)^2 + \left(\frac{\Delta_y}{y}\right)^2}$
$N = \dfrac{x^k y^m}{z^n}$	$\frac{\Delta}{N} = \sqrt{k^2\left(\frac{\Delta_x}{x}\right)^2 + m^2\left(\frac{\Delta_y}{y}\right)^2 + n^2\left(\frac{\Delta_z}{z}\right)^2}$
$N = kx$	$\Delta = k\Delta_x$
$N = \sqrt[k]{x}$	$\Delta/N = \frac{1}{k} \cdot \frac{\Delta_x}{x}$
$N = \sin x$	$\Delta = |\cos x| \Delta_x$

例0-3-1　已知金属环的外径$D_2 = (3.600 \pm 0.004)$ cm，内径$D_1 = (2.880 \pm 0.004)$ cm，高度$h = (2.575 \pm 0.004)$ cm，求环的体积V及其不确定度Δ_V。

解　环体积为

$$V = \frac{\pi}{4}(D_2^2 - D_1^2)h = \frac{\pi}{4} \times (3.600^2 - 2.880^2) \times 2.575 \text{ cm}^3 = 9.436 \text{ cm}^3$$

环体积的对数及其偏导数为

$$\ln V = \ln \frac{\pi}{4} + \ln(D_2^2 - D_1^2) + \ln h$$

$$\frac{\partial \ln V}{\partial D_2} = \frac{2D_2}{D_2^2 - D_1^2}, \quad \frac{\partial \ln V}{\partial D_1} = -\frac{2D_1}{D_2^2 - D_1^2}, \quad \frac{\partial \ln V}{\partial h} = \frac{1}{h}$$

$$\left(\frac{\Delta_V}{V}\right)^2 = \left(\frac{2D_2 \Delta_{D_2}}{D_2^2 - D_1^2}\right)^2 + \left(\frac{2D_1 \Delta_D}{D_2^2 - D_1^2}\right)^2 + \left(\frac{\Delta_h}{h}\right)^2 \qquad (0-3-14)$$

将各值代入式(0-3-14)，则有

$$\left(\frac{\Delta_V}{V}\right)^2 = \left(\frac{2 \times 3.600 \times 0.004}{3.600^2 - 2.880^2}\right)^2 + \left(\frac{2 \times 2.880 \times 0.004}{3.600^2 - 2.880^2}\right)^2 + \left(\frac{0.004}{2.575}\right)^2$$

$$= (38.1 + 24.4 + 2.4) \times 10^{-6} = 64.9 \times 10^{-6}$$

$$\left(\frac{\Delta_V}{V}\right) = (64.9 \times 10^{-6})^{1/2} = 0.0081$$

$$\Delta_V = V\frac{\Delta_V}{V} = 9.436 \times 0.0081 \ \text{cm}^3 \approx 0.08 \ \text{cm}^3$$

因此

$$V = (9.44 \pm 0.08) \times 10^{-6} \ \text{m}^3$$

2. 科学选择仪器

学习误差理论，一方面是为把握测量的精确度；另一方面是要合理、经济地设计实验。对于一个固定的测量对象，并不是仪器的精度越高结果就越好。科学选择仪器就是既要保证测量的精确度又不过高地选用仪器的等级。例如：我们要测量一个 2.5 V 左右的电压，手头有 0.5 级量程为 15 V 和 1.0 级量程为 3 V 的电压表各一块，用哪块表测量的误差小呢？由式(0-3-1)可得两块表的最大误差分别为

$$\Delta_{仪1} = 15 \times 0.5\% = 0.75 \ \text{V}$$

$$\Delta_{仪2} = 3 \times 1.0\% = 0.03 \ \text{V}$$

显然，用级别较低的 1.0 级电压表测量该电压时反而比用级别较高的 0.5 级电压表测量该电压时所产生的系统误差小。

如果不考虑其他原因引起的系统误差，只考虑仪器本身带来的误差，则所谓合理选择仪器，就是要尽量使式(0-3-8)或式(0-3-9)各项的绝对值相等，也就是说，要使间接测量量的总不确定度 Δ_N 被各分不确定度均分，对式(0-3-8)则应有

$$\left|\frac{\partial f}{\partial x}\Delta_x\right| = \left|\frac{\partial f}{\partial y}\Delta_y\right| = \left|\frac{\partial f}{\partial z}\Delta_z\right| = \cdots$$

设有 n 项直接测量量，则对第 i 项有

$$\left|\frac{\partial f}{\partial x_i}\Delta_{x_i}\right| = \left|\frac{\Delta_N}{n}\right|$$

若最终结果要求总不确定度不大于 Δ_0，即 $\Delta_N \leqslant \Delta_0$，则应有下式成立：

$$\left|\frac{\partial f}{\partial x_i}\Delta_{x_i}\right| = \frac{\Delta_0}{n} \tag{0-3-15}$$

这样，每个仪器所引起的不确定度 Δ_{x_i} 应满足

$$\Delta_{x_i} \leqslant \frac{\Delta_0}{\left|\frac{\partial \ln f}{\partial x_i}\right| n} \tag{0-3-16}$$

同理，若用式(0-3-9)分析上述内容，则应有

$$\Delta_{x_i} \leqslant \frac{\Delta_0}{\left|\frac{\partial \ln \overline{N}}{\partial x_i}\right| \cdot n} \tag{0-3-17}$$

式(0-3-16)和式(0-3-17)是我们科学选择仪器的主要依据。

例 0-3-2 用单摆测量重力加速度的公式为

$$g = \frac{4\pi^2 l}{T^2}$$

已知 $l = 100$ cm，$T = 2$ s，要求 $\Delta_g/g \leqslant 0.2\%$，则应选择怎样的仪器？

解 $\quad\quad\quad\quad \dfrac{\Delta_g}{g} = 0.2\% \quad\quad\quad\quad n = 2$

由式(0 - 3 - 17)得

$$\frac{\Delta_l}{l} = \frac{0.002}{2} = 0.001$$

$$2\frac{\Delta_T}{T} = \frac{0.002}{2} = 0.001$$

由此求得

$$\Delta_l \leqslant 0.001l = 0.001 \times 100 \text{ cm} = 0.1 \text{ cm}$$

$$\Delta_T \leqslant 0.001 \cdot \frac{T}{2} = \frac{0.001 \times 2}{2} \text{ s} = 0.001 \text{ s}$$

由此可见，用精度为毫米的米尺测量 l，用毫秒仪测量 T，就可以满足 $\frac{\Delta_g}{g} \leqslant 0.02\%$ 的实验要求。由于测周期时可以先测 n 个周期的总和然后再求周期，如一次测得 n 个周期的时间为 t，则

$$t = nT$$

$$\frac{\Delta_t}{t} = \frac{\Delta_T}{T}$$

$$\Delta_t = \frac{\Delta_T}{T} \cdot t = n\Delta_T$$

设 $n = 100$，则 $\Delta_t = 100 \times 0.001 = 0.1$ s。

所以，实验中只要用精度为 0.1 s 的秒表去测量时间，就可以满足要求，而不一定非用较高级的毫秒仪。当然，实际测量时，为了尽量减少偶然误差，应采取多次测量的方法。

例 0 - 3 - 3 用伏安法测电阻，测试电流约为 2.5 A，电阻约为 10 Ω，欲使误差 $\Delta_R \leqslant 0.15$ Ω，则应如何选择电压表和电流表？

解
$$R = \frac{U}{I}$$

$$U = IR = 2.5 \times 10 = 25 \text{ V}$$

$$\frac{\Delta_R}{R} = \frac{\Delta_U}{U} + \frac{\Delta_I}{I}, \; n = 2, \; \Delta_0 = 0.15 \text{ Ω}$$

$$\Delta_U \leqslant \frac{\Delta_0}{\left|\frac{\partial \ln f}{\partial U}\right| \overline{N} \cdot n} = \frac{\Delta_0}{\frac{R}{U} \cdot n} = \frac{0.15}{\frac{10}{25} \times 2} = 0.19 \text{ V}$$

$$\Delta_I \leqslant \frac{\Delta_0}{\left|\frac{\partial \ln f}{\partial I}\right| \overline{N} \cdot n} = \frac{\Delta_0}{\frac{R}{I} \cdot n} = \frac{0.15}{\frac{10}{2.5} \times 2} = 0.019 \text{ A}$$

由于 $I = 2.5$ A、$U = 25$ V，按指示数选在满刻度 2/3 左右的原则，可以选电流表的量程为 3 A、电压表的量程为 30 V。下面我们来确定电流表与电压表的等级。

由式(0 - 3 - 1)可知：

$$级别 = \frac{\Delta_仪 \times 100}{满量程} = \frac{2\Delta_{ins} \times 100}{满量程}$$

所以

$$电流表级别 = \frac{2 \times 0.019 \times 100}{3} = 1.27 \approx 1.0 \text{ 级}$$

$$电压表级别 = \frac{2 \times 0.19 \times 100}{30} = 1.27 \approx 1.0 \text{ 级}$$

按此选择估算一下不确定度：

$$\Delta_I = \frac{3 \times 1.0\%}{2} = 0.015 \text{ A}$$

$$\Delta_U = \frac{30 \times 1.0\%}{2} = 0.15 \text{ V}$$

$$\Delta_R = \sqrt{\left(\frac{\Delta_U}{U}\right)^2 + \left(\frac{\Delta_I}{I}\right)^2} \cdot R = \sqrt{\left(\frac{0.15}{25}\right)^2 + \left(\frac{0.015}{2.5}\right)^2} \times 10$$

$$= 0.08 \ \Omega < 0.15 \ \Omega$$

因此仪表选择正确。

例 0-3-4 用衍射光栅测量光的波长时，有如下关系：

$$d\sin\varphi = k\lambda$$

式中，d 是光栅常数，k 是衍射光谱的级次，φ 是衍射角，λ 是被测波长。则在 Δ_φ 一定的情况下，最有利的测量条件是什么？

解 根据误差传递公式有

$$k\Delta_\lambda = d\cos\varphi\Delta_\varphi$$

$$\frac{\Delta_\lambda}{\lambda} = \cot\varphi\Delta_\varphi$$

显然，在 Δ_φ 一定时，使 Δ_λ/λ 小的条件为 φ 越大越好。

以上我们讨论了不确定度及其估算方法。在实际测量时，Δ_A 和 Δ_B 是同时存在的，不应顾此失彼，但具体问题还要具体分析。误差分析，就是要找出产生误差的主要因素，忽略次要因素而做出正确的估算。

0-4 有效数字及其数据处理

一、有效数字的一般概念

我们知道，任何一个物理量，其测量结果都由最佳值及其不确定度表示。如一个间接测量量的运算结果 $\overline{N} = 2.634\ 789\ 6\cdots\text{cm}$，$\Delta_N = 0.02 \text{ cm}$，由误差 $\Delta_N = 0.02 \text{ cm}$ 可知，$\overline{N}$ 的第二位小数已不可靠，在它后面的数已无意义，因此，一个物理量的数值与数学上的数字就有着不同的意义。在数学上，$2.63 = 2.6300\cdots$；但在物理上，$2.63 \neq 2.630 \neq 2.6300$，因为它们有着不同的误差。所以规定：测量结果中可靠的几位数字加上一位可疑的数字，统称为有效数字。

有效数字中的最后一位虽然是可疑的，但却是有意义的。例如用米尺测量一个物体的长度时，使物体的一端与米尺的零点对齐，另一端正好在两刻度线中间某一位置，这时毫米的整数刻度可以正确地读出，而小数部分只能估读，虽然这一估读的正确性是可疑的，但读出比不读精确，即估读数也有意义。

关于有效数字我们应该清楚：

(1) 有效数字的位数与使用仪器的精度有关。精度高的仪器有效数字多，精度低的仪器有效数字少。如用毫米为刻度的米尺测一个物体的长度得 $l = 56.4 \text{ mm}$，则有三位有效数字；若用 0.02 mm 精度的卡尺测同一物体长度得 $l = 56.42 \text{ mn}$，则有四位有效数字；而若用精度为 0.001 mm 的螺旋测微器测这一物体的长度则有 $l=56.421$ mm，就有五位有效数字。也就是说，读数一定要到"位"，若结果正好是整数时，应用"0"将位补齐。如最小刻度值为 0.01 A 的安培表，指针正好指在 1 A 处时，读数应记为 1.000 A（最后一位是估读）。

（2）有效数字的位数与小数点位置无关。

例如 14.7 cm、147 mm、0.147 m 均为三位有效数字，因此，有效数字是小数点后面几位的说法是错误的。

（3）0 在中间或最后是有效的。例如 10 m、10.0 m 和 10.00 m 具有不同的意义，它们分别表示两位、三位和四位有效数字。所以，在记录数据时，小数点后的零不能随便加上，也不能随便去掉。

（4）数值的大小与有效数字的位数没有必然的联系。当结果中数字很大时，可用 10 的指数形式表示。如：某次人口普查估计数字是 10 亿，误差是 2000 万。若写成（1 000 000 000±20 000 000）人显然是不妥的，这与其精确度不符，而正确的写法应为（10.0±0.2）亿人或（10.0±0.2）×10^8 人，有效数字是三位。又如：光速写成 $3.0×10^8$ m/s，电子质量写成 $9.11×10^{-31}$ kg，它们的有效数字分别是两位和三位。

（5）确定测量结果有效数字的方法。由不确定度决定有效数字是处理一切有效数字问题的依据。任何测量结果的有效数字应为：其数值的最后一位要与误差所在的这一位取齐。如：$L=(1.00±0.02)$ cm 是正确的；而 $I=(360±0.5)$ A 或 $g=(980.125±0.03)$ cm·s^{-2}，就是错误的，应写成 $I=(360.0±0.5)$ A 或 $g=(980.12±0.03)$ cm·s^{-2}。

二、有效数字的运算法则

进行有效数字的运算有两条规则：

（1）计算的最终结果只保留一位可疑数字。

（2）有效数字的末位确定之后，多余的可疑数字应这样处理：小于 5 则舍去，大于 5 则末位进 1，遇 5 把末位凑成偶数。例如：

$$2.034 \rightarrow 2.03（小于 5 舍去）$$
$$0.076 \rightarrow 0.08（大于 5 进位）$$
$$1.535 \rightarrow 1.54（遇 5 凑成偶数）$$
$$12.405 \rightarrow 12.40（遇 5 凑成偶数，0 算偶数）$$

1. 加减法

$N=A+B+C$ 的运算步骤如下：

（1）计算总不确定度，先将各分量的不确定度平方后相加再开方。运算中可舍去小于分量最大不确定度 1/10 的分量，取两位数字，最终结果取一位数字，得到总不确定度。

（2）计算 N，各分量位数取到比误差所在位小一位。

（3）用不确定度决定最后结果的有效数字。

例 0-4-1　求 $N=A+B-C+D$ 的值，其中

$$A=(71.3±0.5)cm^2，B=(6.262±0.002)cm^2$$
$$C=(0.753±0.001)cm^2，D=(271±1)cm^2$$

解　① 先计算总不确定度：

$$\Delta_N = \sqrt{\Delta_A^2 + \Delta_B^2 + \Delta_C^2 + \Delta_D^2}$$

式中，$\Delta_D = 1$ 为最大，且有 $\Delta_B < \dfrac{\Delta_D}{10}$，$\Delta_C < \dfrac{\Delta_D}{10}$，所以

$$\Delta_N = \sqrt{\Delta_A^2 + \Delta_D^2} = \sqrt{0.5^2 + 1^2} = \sqrt{1.3} \approx 1$$

即 N 的最后一位有效数字在个位上，所以各分量只取到小数点后一位，即

② $\qquad A = 71.3 \ \text{cm}^2, B = 6.3 \ \text{cm}^2, C = 0.8 \ \text{cm}^2, D = 271 \ \text{cm}^2$

所以

$$N = 71.3 + 6.3 - 0.8 + 271 = 347.8 \ \text{cm}^2$$

③ 把 N 取到与其不确定度相齐的位上，即 $N = 348 \ \text{cm}^2$，所以 $N = (348 \pm 1) \text{cm}^2$。

如果各分量没有给出不确定度，则应以其中有效数字的最后一位在数位上最大的为准（如例 0-4-1 中的 D），其他各量比其多取一位，最后结果与它取齐。具体参见例 0-4-2。

例 0-4-2 $x_1 = 23.4$，$x_2 = 5.06$，$x_3 = 3.624$，求 $x_1 + x_2 + x_3$ 的值。

解 由于 x_1 最后一位所在的数位最大，故以 x_1 为准，取 $x_2 = 5.06$，$x_3 = 3.62$，则有

$$x_1 + x_2 + x_3 = 23.4 + 5.06 + 3.62 = 32.08 \approx 32.1$$

2. 乘除法

$N = A \cdot B \cdot C$ 的运算步骤如下：

（1）找出测量结果中有效数字最少的一个，将其他量的有效数字取到比该量多一位（包括常数）。算出 N，结果比有效数字最少的分量多留一位。

（2）将相对不确定度分量的平方和相加再开方，计算时舍去小于最大相对不确定度 $1/3$ 的分量，最后求出总不确定度。运算中取两位有效数字，最后结果取一位有效数字。

（3）由不确定度确定 N 的有效数字。

例 0-4-3 求 $D = \dfrac{g}{4\pi^2} r_0 T^2$ 的值，其中 $r_0 = (8.44 \pm 0.03) \ \text{cm}$，$T = (1.1373 \pm 0.0002) \ \text{s}$，$g = 980.12 \ \text{cm} \cdot \text{s}^{-2}$。

解 ① 在各量中 r_0 的有效数字最少（3 位），故其他量的有效数字取比 r_0 多一位（4 位）。有

$$D = \frac{980.1 \times 8.44 \times (1.137)^2}{4 \times (3.142)^2} = 270.8 \ \text{cm}^2$$

② 计算相对不确定度：

$$\frac{\Delta_D}{D} = \sqrt{\left(\frac{\Delta_{r_0}}{r_0}\right)^2 + \left(2\frac{\Delta_T}{T}\right)^2} \approx \sqrt{\left(\frac{3}{840}\right)^2 + \left(\frac{4}{11\ 000}\right)^2} \approx \frac{3}{840} \ \left(\frac{4}{11\ 000} \ll \frac{3}{840}, \text{可略去}\right)$$

故

$$\Delta_D = \frac{3D}{840} = \frac{3 \times 270.8}{840} = 0.97 \approx 1 \ \text{cm}^2$$

如果各直接量只给出有效数字而没给误差，则计算方法同上，但结果的第一位数是"1，2，3"时，可多留一位。具体参见例 0-4-4。

例 0-4-4 求 $N = A \cdot B$ 的值，其中 $A = 0.0085$，$B = 3.90$。

解 $\qquad N = 0.0085 \times 3.90 = 0.033\ 15 \approx 0.0332$

（结果的首位是 3，故多留一位有效数字）

3. 其他函数

(1) 幂运算。幂运算结果的有效数字位数与底数的有效数字位数相同，如：

$$3.57^3 = 45.5$$
$$357^3 = 4.55 \times 10^7$$

(2) 对数运算和三角函数运算。这些函数的运算过程不改变有效数字位数。如：

$$\lg 21.368 = 1.3298$$
$$\sin 50°13' = 0.7903$$

三、数据处理

所谓数据处理，就是采用某种方法，根据实验中所得的数据来研究物理量之间变化的规律、对应的函数关系，确定一些待定系数等。数据处理的方法很多，这里我们仅对实验中常用的作图法和逐差法加以说明，其他方法可参阅有关书籍。

1. 作图法

(1) 作图的作用和优点：

① 具有直观性，便于掌握各量之间的关系，从而找出对应的函数关系，求出经验公式。

② 如果图线是依据许多数据点描出的平滑曲线，则图线有多次测量平均效果的作用。

③ 能简便地从图线中求出实验需要的某些结果。如在气轨实验中 $v = v_0 + at$，作 $v\text{-}t$ 图为一条直线，则直线的斜率就是加速度 a。

④ 在图线上可以读取没有进行测量的物理量值(称为内插法)，在一定条件下，也可以从图线的延伸部分读到数据范围以外的量值(称为外推法)。

⑤ 通过图线与理论对照，可以帮助我们发现系统误差。

(2) 作图规则：

① 作图一定要用坐标纸，常用的是直角坐标纸，有时也用对数坐标纸。

② 坐标纸的大小及坐标轴的比例，根据所测得数据的有效数字和结果来定。坐标纸的最小格一般对应于有效数字中可靠数的最后一位。

③ 适当选取坐标轴的比例和坐标原点，使图线比较对称地充满整个图纸。坐标原点不一定选取零点，可选取最小数字的整数部分作为起点。

④ 标明坐标轴的物理量和单位。

⑤ 标点。根据测量数据用"+"(或×、○、△ 等)标出各点坐标，使实验数据落在"+"的交点上。同一曲线用同一种符号，若有几条曲线在同一坐标纸上，则需用不同符号和不同颜色表示。

⑥ 连线。用直尺、曲线板等工具，根据不同情况把点连成直线、光滑曲线或折线(如电压表校准曲线为折线)。当连线为直线或光滑曲线时，曲线不一定通过所有的点，而是要求线的两旁偏差有较均匀的分布。在画线时，个别偏离过大的点应当舍去或重新测量。

(3) 作图中的变数置换法。

在实际工作中，我们经常遇到一些非线性关系的物理量。如果用直角坐标表示这些物理量的关系，不但作图困难，而且也很难从图中判断结果是否正确。所以人们常常将原函数关系做适当的变换，将原来的非线性关系改成线性关系，或者说，把曲线变成直线。这种方法称为变数置换法，是作图中经常使用的一种方法。例如：

①
$$S = v_0 t + \frac{1}{2} at^2$$

表示的是二次曲线，但变化一下形式，如：

$$\frac{S}{t} = v_0 + \frac{1}{2} at$$

则它就成了 $s/t\text{-}t$ 直线。这条直线的斜率为 $\frac{1}{2}a$，就很容易求出加速度是 a，并说明该物体运动的速度是均匀变化的，而原来的 $s\text{-}t$ 曲线虽然复杂，反而说明不了这个物理思想。

② 阻尼振动的振幅公式

$$A = A_0 e^{-\beta t}$$

式中，A_0 为初振福，t 是时间，β 是阻尼系数，求 β。显然，$A\text{-}t$ 图为一条曲线，很难看出其中各量的关系，我们对上式取对数则有

$$\ln A = -\beta t + \ln A_0$$

用单对数坐标纸画出的 $\ln A\text{-}t$ 图为一条直线，该直线斜率的大小代表的就是 β。

2. 逐差法

逐差法是物理实验中比较常用的一种处理数据的方法。其实质是充分利用实验所得的数据，取一个全面平均的方法。由误差理论知道，算术平均值最接近于真值，因此在实验中应尽量地实现多次测量。但在一些实验中，如简单地取各次测量的平均值，并不能达到好的效果。例如在测量钢丝的杨氏模量的实验中，依次记下从 0～5 个砝码的标尺读数为 x_0、x_1、x_2、x_3、x_4、x_5，其相应的变化量为 $\Delta x_1 = x_1 - x_0$、$\Delta x_2 = x_2 - x_1$、$\cdots$、$\Delta x_5 = x_5 - x_4$。根据平均值的定义

$$\overline{\Delta x} = \frac{(x_1 - x_0) + (x_2 - x_1) + \cdots + (x_5 - x_4)}{5} = \frac{x_5 - x_0}{5}$$

式中，中间数值全部抵消，未能起到平均的作用，只用了始末两次的测量值，与一次增加 5 个砝码的单次测量等价，由此可见，不能用此办法进行平均值的处理。

为了保持多次测量的优越性，通常把数据分成两组，一组是 x_0、x_1、x_2，另一组是 x_3、x_4、x_5。取相应的差值 $\Delta x_1 = x_3 - x_0$、$\Delta x_2 = x_4 - x_1$、$\Delta x_3 = x_5 - x_2$，则平均值为

$$\overline{\Delta x} = \frac{(x_3 - x_0) + (x_4 - x_1) + (x_5 - x_2)}{3} \tag{0-4-1}$$

由此可见，测量的数据得到了充分的利用，这种方法称为逐差。应当指出，式 (0-4-1) 中的 $\overline{\Delta x}$ 是砝码增至三个砝码时钢丝的伸长量。

（1）逐差法的作用和优点：

逐差法的作用是验证多项式，发现系统误差或实验数据的某些变化规律，求物理量的数值。其优点是：

① 充分利用了测量数据，具有对数据取平均的效果。

② 它可以绕过一些具有定数的未知量，而求出所需要的实验结果。

（2）用逐差法处理数据时必须满足的条件有：

① 函数可以写成多项式的形式，即

$$y = a_0 + a_1 x + a_2 x^2 + \cdots + a_i x^i + \cdots \tag{0-4-2}$$

有些函数经过变换可写成式(0-4-2)的形式时，也可用逐差法处理。

② 自变量 x 是等间距变化的。

(3) 一次逐差处理数据的原理是：

当 $y = a_0 + a_1 x$ 时，测得 x_i，$y_i (i = 1, 2, 3, \cdots, n)$，则有

$$\left.\begin{array}{l} y_1 = a_0 + a_1 x \\ y_2 = a_0 + a_1 (2x) \\ \vdots \\ y_i = a_0 + a_i (ix) \\ \vdots \\ y_n = a_0 + a_n (nx) \end{array}\right\} \tag{0-4-3}$$

逐项逐差，即用相邻两式相减（$\delta y_i = y_{i+1} - y_i$），则有

$$\left.\begin{array}{l} \delta y_1 = y_2 - y_1 = a_1 x \\ \delta y_2 = y_3 - y_2 = a_1 x \\ \vdots \\ \delta y_{n-1} = y_n - y_{n-1} = a_1 x \end{array}\right\} \tag{0-4-4}$$

若 δy_1、δy_2、$\cdots$、δy_{n-1} 都相等，则证明 $y = a_0 + a_1 x$ 成立。也就是说，一次逐项逐差法是用来验证多项式的。

如果要求多项式中的系数为 a_0 和 a_1，则应采用隔项逐差法。方法如下：

将式(0-4-3)从中间对半分成两组，将后组的第一项与前组的第一项相减，后组的第二项与前组的第二项相减……，设其有 $n = 2l$ 项（即每组 l 项），则有

$$\delta y_i = y_{i+l} - y_l = a_1 lx \tag{0-4-5}$$

一共有 l 个 δy_i，对每个 δy_i 都可得到一个 a_i，则有

$$a_1 = \frac{\delta y_i}{lx} \qquad (i = 1, 2, \cdots, l)$$

取平均值，有

$$\overline{a_1} = \frac{\overline{\delta y_i}}{lx} = \frac{1}{lx} \cdot \frac{1}{l} \sum_{i=1}^{l} \delta y_i = \frac{1}{l^2 x} \cdot \sum_{i=1}^{l} (y_{i+l} - y_l)$$

将 $\overline{a_1}$ 代入式(0-4-3)中的每一个，都可以得到一个 a_0，即

$$a_0 = y_i - \overline{a_1}(ix)$$

一共有 $n = 2l$ 个 a_0，取平均值有

$$\overline{a_0} = \frac{1}{n} \sum_{i=1}^{n} \left[y_i - \overline{a_1}(ix) \right] = \frac{1}{n} \left(\sum_{i=1}^{n} y_i - \overline{a_1} x \sum_{i=1}^{n} i \right) \tag{0-4-6}$$

a_1 的不确定度为

$$\Delta_{(\overline{a_1})} = \frac{1}{lx} \Delta_{(\delta y_i)} \tag{0-4-7}$$

$$\Delta_{(\overline{\delta y_i})} = \sqrt{\frac{\sum\limits_{i=1}^{l}(\delta y_i - \overline{\delta y_i})}{l(l-1)}}$$

则 $\overline{a_0}$ 的误差是由 $\sum\limits_{i=1}^{n} y_i$ 的误差以及 $\overline{a_1}$ 的误差合成而来的。

思 考 题

1. 什么叫误差? 误差的种类及其产生的原因是什么?

2. 什么是 A 类标准不确定度? 什么是 B 类标准不确定度?

3. 标准偏差、算术平均值的标准偏差是怎样定义的? 两者有怎样的关系?

4. 仪器的最大误差与其极限误差(误差限)有怎样的关系?

5. 为什么在进行和差运算的测量时,选择精度相同的仪器最合理? 在进行积商运算的测量时,选择各测量结果有效数字位数相同的仪器最合理?

6. 什么叫精密度、准确度和精确度?

7. 什么叫有效数字? 直接测量结果有效数字的位数和间接测量结果有效数字的位数怎样确定?

8. 把算术平均值当作真值看待的条件是什么?

9. 下述说法是否正确? 为什么?

(1) 用天平称量质量时采用复称法是为了减少偶然误差,所以取左称、右称质量的平均值作为测量结果,即

$$m = \frac{1}{2}(m_左 \pm m_右)$$

(2) 有人用秒表测量单摆的周期,测得一个周期为 1.9 s,测得连续 10 个周期为 19.3 s,测得连续 100 个周期为 192.8 s。在分析周期的误差时,他认为用的是同一块秒表,又都是单次测量,因此各次测得单摆周期的误差均为 0.1 s。

10. 如何确定仪器的最大误差?

11. 计算下列 3 个量的相对不确定度。

$l_1 = (54.98 \pm 0.02)$cm, $l_2 = (0.498 \pm 0.002)$cm, $l_3 = (0.0098 \pm 0.0002)$cm

12. 用一个精密天平称一个物体的质量 m,将其称 5 次,结果分别为 3.6127 g、3.6122 g、3.6121 g、3.6120 g、3.6125 g,试求 m 的结果。

13. 一个圆柱体,测其直径 $D = (2.040 \pm 0.001)$cm,高度 $h = (4.12 \pm 0.01)$cm,质量 $m = (149.18 \pm 0.05)$g。计算圆柱体的密度 ρ,并写出测量结果的完整表达式。

14. 用米尺测量一个物体的长度,测量的数值为 98.98、98.94、98.96、98.97、99.00、98.95、98.97,写出最终结果。

15. 有甲、乙、丙、丁 4 人,用精度为 0.01 mm 的螺旋测微计测量同一个铜球的直径,各人所得的结果是:

甲:(1.2832 ± 0.0002)cm;   乙:(1.283 ± 0.002)cm;

丙:(1.28 ± 0.0002)cm;   丁:(1.3 ± 0.0002)cm。

问：哪个人表示的对？其他人的表示错在哪里？

16. 下列各量有几位有效数字？

(1) $l = 0.0001$ cm；

(2) $T = 1.001$ s；

(3) $E = 2.7 \times 10^{25}$ J；

(4) $h = 0.2870$ cm。

17. $\rho = \dfrac{m_1}{m_1 - m_0} \rho_0$ 是流体力学称衡法测物体密度的公式，试求 ρ 的不确定度的计算式。当 $m_0 = (27.06 \pm 0.02)$g、$m_1 = (17.03 \pm 0.02)$g、$\rho_0 = (0.9997 \pm 0.003)$g·cm^{-3} 时，$\rho = ?$

18. 按照误差理论和有效数字运算规则改正下列错误。

(1) $N = (1.08\,000 \pm 0.2)$cm。

(2) 有人说 0.2780 有五位有效数字，有人说有 3 位有效数字，你说有几位有效数字？

(3) 有人说 8×10^{-5} g 比 8.0 g 测得准确，你认为如何？为什么？

(4) 28 cm = 280 mm 吗？

(5) $L = (28\,000 \pm 8000)$cm（写成科学表达式）。

(6) $0.0221 \times 0.0221 = 0.000\,488\,841$。

19. 试利用有效数字运算规则，计算下列各式的结果。

(1) $98.754 + 1.3$ (2) $107.50 - 25$

(3) 111×0.100 (4) $237.5 \div 0.1$

(5) $\dfrac{76.000}{40.00 - 2.0}$ (6) $\dfrac{100.0 \times 15.6 + 4.412}{(78.00 - 77.00) \times 10.00}$

20. 实验用伏安法测得电压、电流的数值如表 0-思-1 所示。

表 0-思-1   伏安法测得的电压、电流数值

U/V	0.00	1.00	2.00	3.00	4.00	5.00	6.00	7.00	8.00
I/mA	0.00	2.00	4.01	6.05	7.85	9.70	11.80	13.5	16.02

作出 I-U 曲线，求 R 值。

第 1 章　基本技能训练性实验

- 长度的测量
- 固体密度的测量——密度大于水的固体密度的测量
- 气轨上的力学实验
- 分光计的调节和使用

实验 1-1　长 度 的 测 量

长度是最基本的物理量之一。长度的测量是一切测量的基础，是最基本的物理测量之一。各种各样的测量仪器，外观虽然不同，但是标度都是按一定的长度来划分的。

用米尺来测量物体的长度时，虽然可以测到 0.1 mm，但是最后一位是估读的。在实际的长度测量中，常需要测准到 0.1 mm 乃至 0.01 mm，甚至更小。为了提高长度测量的精确度，人们设计制造了多种测量装置，如游标卡尺、螺旋测微计（千分尺）等。

【实验目的】

(1) 学习游标卡尺和螺旋测微计的原理。
(2) 掌握游标卡尺、螺旋测微计和读数显微镜的结构及使用方法。
(3) 能够正确记录测量结果，并掌握不确定度的计算。

【实验器材】

游标卡尺、螺旋测微计（外径千分尺）、读数显微镜和待测物。

【实验原理】

1. 游标卡尺

游标卡尺是一种常见的长度测量仪器，可用来测量物体的长度、深度、内径和外径。测量的精度不低于 0.1 mm。

游标卡尺的外形如图 1-1-1 所示。主尺 A 是一根毫米分度尺，副尺 B 是可在主尺上紧密滑动的游标，游标上刻有分度。分度的大小和读数的准确度有关，通常有 0.1 mm、0.05 mm 和 0.02 mm 三种，分别称为十分游标、二十分游标、五十分游标。

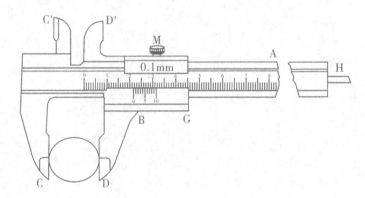

图 1-1-1　游标卡尺

卡口 CD（外量爪）用来测量外径或厚度，卡口 C'D'（内量爪）用来测量内径，H 杆配合主尺尾部用来测量深度，M 为游标上的固定螺丝。

1）游标原理和读数方法

一般来说，游标是将主尺上 $n-1$ 个分格的长度，等分成 n 个分格（称为 n 分游标）。

设主尺分格的宽度为 x，则游标上一个分格宽度为 $\dfrac{n-1}{n}x$。于是，主尺与游标上每个分格长度差（游标最小分度值）为

$$\delta = \frac{1}{n}x \qquad\qquad (1-1-1)$$

游标卡尺就是利用这个值提高测量精密度的，此种读数方法叫做差示法，在测量中有普遍意义。

图 1-1-2 所示为使用 n 分游标卡尺测量长度为 L 的 ab 棒的情况。棒的一端 a 和主尺 0 线对齐，另一端 b 从主尺上读得整刻度为 l 和不足一格的长度 Δl，则棒长 $L = l + \Delta l$。游标上的第 k 条刻线与主尺上某一刻线对齐（相当于长度 $k\dfrac{n-1}{n}x$），则 $\Delta l = k\dfrac{x}{n}$，因此 ab 的长度为

$$L = l + \Delta l = l + k\delta \qquad\qquad (1-1-2)$$

式中，l 为主尺上读出的整格数，k 为游标与主尺对齐的那条线的序数，$\delta = x/n$ 为游标卡尺的精度（准确度）。

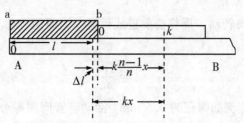

图 1-1-2　用游标卡尺测量 ab 棒

准确度为 0.02 mm 的五十分游标卡尺，如图 1-1-3 所示。游标上的 50 分格与主尺上的 49 个分格（49 mm）长度相等，从游标的 0 线读得主尺上的读数为 21 mm；再从游标第 29 条刻线和主尺刻线对齐读得

$$\Delta l = 29 \times 0.02 = 0.58 \text{ mm}$$

所以被测物长度为

$$L = l + \Delta l = 21.58 \text{ mm}$$

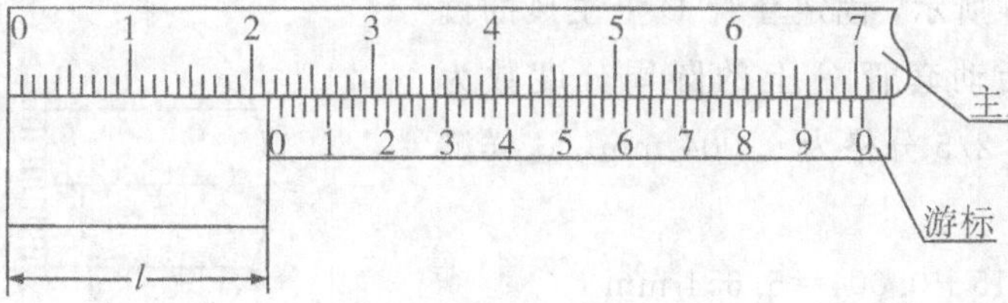

图 1-1-3　五十分游标卡尺读数示意图

可见，使用游标卡尺测量时，读数分为两步：

① 从游标零线的位置读出主尺的整格数；

② 根据游标上与主尺对齐的刻线读出不足一分格的小数。二者相加就是测量值。

2）注意事项

使用游标卡尺测量之前，应先把量爪 CD 合拢，检查游标尺的 0 线与主尺 0 线是否重

合，如不重合应记下零点读数加以修正。使用游标卡尺测量时，可用左手握拿被测物体，右手握尺，拇指按在游标 G 的部位。卡住被测物时松紧应适度，感觉接触到再略微施力即可，切忌过度。当需要取下待测物进行读数时，应旋紧固定螺丝。测量孔径时，应注意保持测量刃口与圆孔母线平行。用完游标卡尺后应将其立即放回盒内。

2. 螺旋测微计(千分尺)

螺旋测微计是比游标卡尺更精密的测量仪器，其主要部分是测微螺杆 A、固定套管 D、活动套管 C、(微分筒)量砧 E、棘轮 K 等，如图 1-1-4 所示。

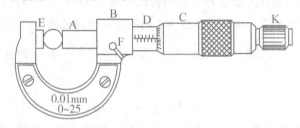

图 1-1-4 螺旋测微计

1) 螺旋测微计读数原理

螺旋测微计的螺旋每转动一周将会前进或后退一个螺距。对于螺距为 x 的螺旋，圆周等分 m 格，则

$$\delta = \frac{x}{m} \tag{1-1-3}$$

称为螺旋测微计的精度。例如螺距为 0.5 mm，活动套管圆周等分为 50 个格，则当活动套管 C 每转动一格，转动杆 A 就前进(或后退)0.5÷50＝0.01 mm，0.01 mm 即为此螺旋测微计的精度。

通常实验室用的螺旋测微计的量程为 25 mm，仪器的精密度是 0.01 mm，即千分之一厘米，所以又称为千分尺。测量物体尺寸时，先从活动套管 C 的前沿在固定套管 D 上的位置读出整圈数，然后从固定套管的横线所对活动套管 C 上的分格读出不到一圈的小数(若C 上整刻线不和横线对齐，则在 C 管上读数要包括估读的一位，即千分之一毫米的那一位；对齐时估读数为"0"也是有效数字)。二者相加就是测量值。

如图 1-1-5 所示，固定套管 D 上主尺的读数为 5.5 mm，活动套管 C 上的圆周分度数为0.15 mm，再估读 2/5 分格为 0.004 mm，这样测量结果为

$$5.5+0.15+0.004=5.654 \text{ mm}$$

可见，螺旋测微计的读数可分为两步：

① 在固定套管上读出活动套管的前沿所在位置的刻度值，即螺旋转动的整圈数；

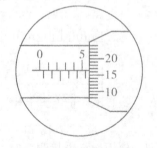

图 1-1-5 螺旋测微计读数

② 在活动套管上读出固定套管的横线所对的分格数，即不到一圈的小数。两者相加就是测量值。

2) 注意事项

(1) 测量前应检查零点读数。不夹被测物使量砧 E 和螺杆 A 密合时，活动套管上的零线应当刚好和固定套管上的横线对齐（读数为零），而由于使用不当或调整得不充分，量砧 E 和螺杆 A 密和时，会有一个不为零的读数，这个读数称为零点误差（系统误差），其值可能为正，也可能为负，每次测量后，应对测量数据做零点修正。

(2) 测量时，将被测物放在两量面之间，缓慢旋动螺旋，当螺杆 A 开始接触被测物时，用右手缓慢转动棘轮 K，使螺旋前进压住被测物，直至有"咔咔"的响声为止，这时就可读数。通过设置棘轮，可保证每次的测量条件（对被测物的压力）一定，且能保护精密的螺纹。切忌不使用棘轮而直接用力旋转活动套筒 C，那样会影响测量结果的准确性，也会使螺纹发生变形、磨损，降低仪器的精密度。

(3) 螺旋测微计十分精细，任何微小的机械损伤都会影响其准确度，因此，使用时要轻轻旋进，不能着急。用完后，在放置螺旋测微计时应使 A 与 E 量面之间留有空隙，以避免受热膨胀而损坏螺纹。

3. 读数显微镜

读数显微镜是将测微螺旋或游标装置同显微镜相组合，进行精确的长度测量的仪器。其外形结构如图 1-1-6 所示。

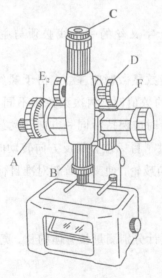

图 1-1-6　读数显微镜

1) 读数显微镜原理及使用方法

读数显微镜的测微螺杆螺距为 1 mm。同螺旋测微计中活动套管相对应的部分是测微鼓轮 A，它的周长等分为 100 个分格，每转一分格，显微镜移动 0.01 mm，所以读数显微镜的测量精度也是 0.01 mm，它的量度一般为几厘米。显微镜主要由三部分构成：目镜、叉丝和物镜。

使用此仪器测量的步骤如下：

① 伸缩目镜 C 看清叉丝。

② 将待测物放在测量工作台上，调节旋钮 D 使显微镜镜筒上下移动，直至看清待测物。

③ 旋动测微鼓轮 A，使叉丝的交点与被测物的一端对齐，从测微装置上读出一个位置 X，然后保持待测物的位置不变，转动测微鼓轮，使叉丝的交点与被测物另一端对齐读出 X'。则待测长度为

$$L = |X - X'| \tag{1-1-4}$$

读数显微镜的读数方法与螺旋测微计的读数方法类似，先根据指标 E_1 所指位置从标尺 F 上读出毫米的整数部分；再根据指标 E_2 和测微鼓轮 A 读出毫米的小数部分。两者相加即为读数（见图 1-1-7）。

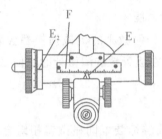

图 1-1-7　读数显微镜读数

2）注意事项

（1）在整个测量过程中，十字叉丝的一条线必须与主尺平行，并与待测两点的连线平行。

（2）防止回程误差。使用读数显微镜应注意，由于螺丝和螺套间有间隙，所以当螺旋转动方向改变再次读同一位置的数值时，两次读数将不同，即产生误差（称为回程误差）。因此，为了防止回程误差，测量时应保持沿同一方向转动鼓轮 A，使叉丝分别与待测目标对准进行读数。当移动叉丝超过了目标位置需反方向转动时，反向转动一定要使叉丝越过目标多一些，然后沿原方向转动鼓轮，使叉丝重新对准目标位置。

【实验内容】

（1）用游标卡尺、螺旋测微计分别测量长方体的长、宽、高。要求在不同的位置测量五次，并做零点校准。

（2）用游标卡尺的内量爪和外量爪分别测量管子的内径和外径。要求在不同的位置测量五次，并做零点校准。

（3）用读数显微镜测量金属丝的直径，要求测量五次。

【数据处理】

（1）计算长方体的体积及其不确定度：

$$\overline{V} = \overline{x} \cdot \overline{y} \cdot \overline{z}, \quad \Delta_V = \sqrt{\left(\frac{\Delta_x}{x}\right)^2 + \left(\frac{\Delta_y}{y}\right)^2 + \left(\frac{\Delta_z}{z}\right)^2} \cdot \overline{V}$$

其中：$\Delta_x = \sqrt{S_x^2 + \Delta_卡^2}$，$\Delta_y = \sqrt{S_y^2 + \Delta_千^2}$，$\Delta_z = \sqrt{S_z^2 + \Delta_千^2}$。

已知：$\Delta_{卡} = 0.01$ mm，$\Delta_{千} = 0.005$ mm。

（2）求管子内径和外径的：① 平均值 $\overline{D}_1$ 和 $\overline{D}_2$；② 测量量的标准差；③ 平均值的标准差；④ 写出结果表达式。

求解如下：

① $\overline{D}$ 通过测量值计算求得。

② $S = \sqrt{\dfrac{\sum\limits_{i=1}^{n}(D_i - \overline{D})^2}{n-1}}$。

③ $S_{\overline{D}} = \dfrac{1}{\sqrt{n}}S$。

④ $D = \overline{D} \pm \Delta_D$ $(\Delta_D = \sqrt{S^2 + \Delta_{卡}^2})$。

（3）用读数显微镜测金属丝的直径 d，并写出最终结果表达式。（$\Delta_{读} = 0.005$ mm，S 的计算可参考（2）中"测量量的标准差"公式。）

思 考 题

1. 已知游标卡尺的测量准确度为 0.01 mm，其主尺的最小分度的长度为 0.5 mm，那么游标的分度数为多少？

2. 螺旋测微计上的棘轮的作用是什么？

3. 读数显微镜为什么要考虑回程误差？

4. 在本实验中，各个长度的测量选用不同的仪器测量是怎样考虑的，为什么？

实验 1‒2　固体密度的测量——密度大于水的固体密度的测量

密度是物质的基本特性之一，它与物体的成分及纯度有关，工业上常利用密度进行材料成分的分析和纯度的鉴定。因此学习测量固体密度的方法是十分必要的。

【实验目的】

(1) 学会物理天平的原理及正确的使用方法。
(2) 学会测量固体密度的方法。

【实验器材】

物理天平、游标卡尺、螺旋测微计、烧杯、温度计、细线、液体(水)和待测物(形状规则与不规则的各一块)。

1. 物理天平的构造及原理

天平是实验室称量物体质量的仪器，常用的有精密度较高的分析天平和物理天平。物理天平的构造如图 1‒2‒1 所示。

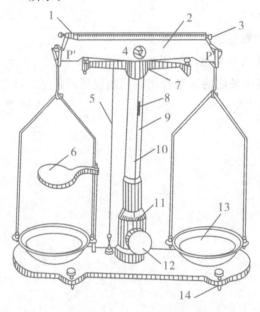

1—游码；2—横梁；3—平衡螺母；4—主刀口；5—铅垂线；6—托盘；7—止动架；8—感量砣；
9—支柱；10—指针；11—标尺；12—止动旋钮；13—砝码托盘；14—底脚螺钉

图 1‒2‒1　物理天平

横梁为一个等臂杠杆，上有三个刀口，中间的为主刀口，是杠杆的支点，两边刀口 P′上悬挂着两个相同的托盘；左边托盘放待测物，右盘放天平砝码；横梁下面为一长指针，指针下端可以沿刻度盘摆动，指示天平是否平衡。指针上有一个感量砣，它是用来调节横梁和指针重心位置的。感量砣越高，感量较小，天平的灵敏度越高。它的位置一般已调好，不能随意更动。止动旋钮可以升降横梁，用来控制刀口的支承平面。当逆时针将其旋转到底时，横梁下降，此时止动架托住横梁，天平止动，主刀口和支承面脱开，以保护刀口不受损伤；当顺时针转动止动旋钮时，刀口支承面升高，将止动架上的横梁托起，此时天平可以灵活摆动，称量物体。

天平的性能由下列两个参量表示：

（1）称量。称量是天平允许称衡的最大质量，称衡时注意不能超越称量的允许值。

（2）感量。感量是指天平平衡时，为使指针产生一小格的偏转，在天平盘上增加的最小砝码。感量越小，天平的灵敏度越高。

2. 物理天平的使用方法

（1）水平调节。使用前首先调节天平底座的螺钉，使水准器气泡处于中心位置，以保证刀口平面的水平。

（2）零点调节。在天平空载时，将游码移至横梁零位，并将托盘架放在刀口上，然后升起横梁，指针将在标尺中点左右摆动，观察天平是否平衡。如不平衡可调节横梁两端的平衡螺母，以实现平衡（指针回到零线上）。实际调节时常用摆动法来判别平衡，即当指针在标尺上来回摆动时的左右振幅近似相等时，便可以认为天平达到了平衡。

（3）称衡。把待测物体放在左盘上，根据估计值，在右盘轻放一个适当的砝码。启动天平，观察指针倾斜情况，由此逐渐增加或减少砝码，直至指针能左右摆动，再调节游码，直到天平平衡。此时砝码的质量加游码的读数即为被测物体的质量。

3. 注意事项

使用天平时必须严格按照各项操作规则执行，这样在保证测量的准确性的同时，也保护了天平的灵敏度，延长其使用寿命。操作时需注意以下事项：

① 使用时，要缓慢平稳地转动止动旋钮，切勿突然快速升降。不要在天平摆动时用镊子拨动游码或加减砝码，以免天平受到震动损伤刀口，从而影响天平的精度。

② 在天平偏离平衡尚远时，只能稍微启动天平，能观察到指针偏转方向即可。只有在接近平衡位置时，才可将天平完全启动。

③ 不能用天平称超过称量的物体，以免损坏天平。

④ 称量时，根据自己对物重的估计，加一个适当的砝码，判断天平的平衡情况，再调整砝码。调整砝码时，要由重到轻依次更换砝码，这样可使测量省时。

⑤ 砝码不能用手直接拿取，只准用镊子平稳夹取。不要出现夹取过程中砝码脱落的情况。砝码用过后，需直接放回盒中原来的位置，以保持砝码的精确性。

【实验原理】

设待测物体质量为 m，体积为 V，则密度为

$$\rho = \frac{m}{V} \tag{1-2-1}$$

因此，只要测出 m 和 V，便可求出该物体的密度。对于规则物体，可用游标卡尺和螺旋测微计来测量有关数据，通过计算求出体积；其质量可以通过物理天平测得。对于不规

则物体，可用流体静力称衡法间接地解决 V 的测量问题（质量可用天平测出）。本实验要求测量不规则物体的密度。

忽略空气阻力。设物体在空气中的重量为 $p = mg$，将其浸没在液体中视重为 $p_1 = m_1 g$，则物体在液体中所受的浮力为

$$F = p - p_1 = (m - m_1)g \qquad (1-2-2)$$

式中，m 和 m_1 分别是该固体在空气中和浸入流体中称衡时相应的天平砝码的质量。

根据阿基米德定律，物体在液体中所受的浮力，等于它排开液体的重量，故有

$$F = \rho_0 V g \qquad (1-2-3)$$

式中，ρ_0 是液体的密度，V 是排开液体的体积即固体的体积。

由式(1-2-1)、式(1-2-2)和式(1-2-3)可得

$$\rho = \frac{m}{m - m_1} \rho_0 \qquad (1-2-4)$$

本实验的液体用的是水，故 ρ_0 即为水的密度。不同温度下水的密度可由常数表查出。

【实验内容】

(1) 按物理天平的调节及使用方法将天平调至待测量状态。

(2) 用细线将物体悬吊在天平左端的挂钩上，称出物体在空气中的质量 m，反复称量五次（下同）。

(3) 将物体悬于水中，称出此时物体的视重 m_1（实验用的液体为水）。

(4) 测定水温 t，从表中查出水的密度。

【数据处理】

用式(1-2-4)计算 $\bar{\rho}$，Δ_ρ 的计算可参考下式：

$$\Delta_\rho = \sqrt{\left(\frac{\Delta_m}{m}\right)^2 + \frac{\Delta_m^2 + \Delta_{m_1}^2}{(m - m_1)^2}} \cdot \bar{\rho}$$

$$\Delta_{m_1} = \Delta_m = 0.005 \text{ g}$$

$$\rho = \bar{\rho} \pm \Delta_\rho$$

实验 1-3　气轨上的力学实验

1. 气垫导轨简介

气垫导轨是一种力学实验装置，如图 1-3-1 所示。从导轨表面的小孔喷出的压缩空气，在导轨表面与导轨上的滑块之间形成一层很薄的空气层，这个空气层就称为"气垫"。气垫把在导轨上运动的滑块托起。这样，滑块在导轨表面运动时，就不存在接触摩擦，而仅仅只有很小的空气黏滞力和周围的空气阻力。因此，滑块的运动可以近似看成是"无摩擦"的。

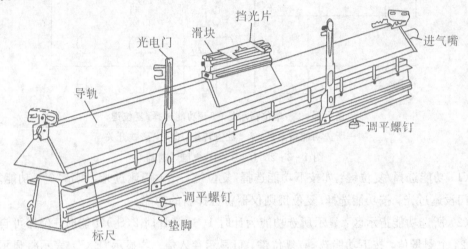

图 1-3-1　气垫导轨装置

导轨一般长 1.5～2.0 m，表面上均匀分布着很小的气孔。导轨的一端封死，另一端装有进气嘴。当压缩空气经塑料管从进气嘴进入腔体后，就从小孔喷出，托起滑块。导轨面两端装有缓冲弹簧；导轨面下边嵌有测长度的专用米尺；导轨底部装有三个底脚螺钉，分布在导轨两端。双脚端的螺钉主要用于调节导轨两侧面高度相等，单脚端主要用于调节导轨水平。

与气轨配套的主要附件有滑块、光电门。滑块是用直角铝合金制作的，截面呈倒 Y 形，其内表面与导轨的两喷气侧面精密吻合，其两端也装有缓冲弹簧，滑块上部带有槽，便于安装如挡光片、配重块、缓冲弹簧和尼龙搭扣等各种附件。当导轨的喷气孔喷气时，滑块"飘浮"在导轨上，可以自由滑动。

光电门是一种光电转换装置，是计时的传感器。它由光电三极管和红外发光二极管组成。它的作用是靠电脉冲信号的变化来触发毫秒计时器的门电路，使之开始计时或停止计时。

气垫导轨的使用注意事项：

(1) 导轨表面和与其相接触的滑块内表面都是经过精密加工的，两者配套使用，不得任意更换。在实验中严防敲、碰、划伤，以防破坏表面的光洁度。导轨未通气时，不允许将滑块放在导轨上来回滑动。实验结束后，应将滑块从导轨上取下，放在实验台上。

(2) 实验前，应用棉花沾少许酒精将导轨表面和滑块里面擦洗干净。

（3）导轨表面上的小孔易被污物堵塞，因此实验前应通压缩空气仔细检查。如果发现气孔不通畅，可用小于孔径的细钢丝钻通。

2. 电脑计时器

电脑计时器是一种高精度的计时仪器，可用于测量很短暂的时间，其读数精度一般可达 0.01 ms。它的种类很多，但其工作原理、功能使用方法基本相同。下面以 J0201-4B 型电脑计时器为例介绍其功能和使用方法。其面板图如图 1-3-2 所示。

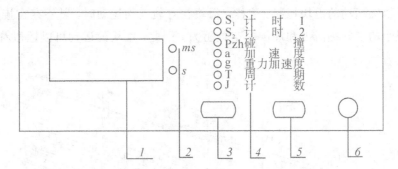

1—显示屏；2—单位指示灯；3—功能选择/复位键；

4—所选功能指示区；5—数值转换；6—电磁铁开关

图 1-3-2 J0201-4B 电脑计时器

（1）功能选择/复位键：如按下功能选择/复位键，光电门遮过光，则清"0"，功能复位；光电门没遮过光，按功能选择/复位键则仪器将选择新的功能。

（2）所选功能指示区：显示所选功能为计时 1（S_1）、计时 2（S_2）功能时，仪器可自动存入前 24 个测量值，按下功能选择/复位键，可显示存入值。若显示"EX"，表示将显示存入的第 X 值。在显示存入的第 X 值过程中，按下功能选择/复位键，会清除已存入的数值。

① 计时 1（S_1）：用于挡光计时。测量对任一光电门的挡光时间，可连续测量。自动存入前 24 个数据，按下功能选择/复位键可查看。

② 计时 2（S_2）：用于间隔计时。测量光电门两次挡光的间隔时间，可连续测量。自动存入前 24 个数据，按下功能选择/复位键可查看。

③ 碰撞（Pzh）：等质量、不等质量碰撞。接好两只光电门，两只滑块上装好相同宽度的凹形挡光片和碰撞弹簧，让滑块从气轨两端向中间运动，各自通过一个光电门后相撞。依次读出通过光电门的测量值。显示屏上显示的"P1.X"，代表滑块通过第一个光电门的第 X 次的测量值；"P2.X"，代表滑块通过第二个光电门的第 X 次的测量值。

只有再按功能选择/复位键清"0"，才能进行下一次测量。

④ 加速度（a）：测量带凹形挡光片的滑块，通过两个光电门的速度及通过两个光电门这段路程的时间。

计时器可依次显示出通过各光电门的测量值 P1、P2、P1-P2。

只有再按功能键清"0"，方可进行新的测量。

⑤ 重力加速度（g）：将电磁铁插入电磁铁插口，两个光电门插入光电门的插口，按入电磁铁开关，吸上小钢球；按出电磁铁开关，小钢球下落（同步计时），到小钢球前沿遮住光电门（记录时间），显示测量值。

按入电磁铁开关，仪器可自动清"0"。

⑥ 周期(T)：测量单摆振子或弹簧振子 1～100 周期的时间。

周期数的设定：在显示周期数时，按下功能选择/复位键不放，确认到达所需的周期数时放开此键即可。

运动平稳后，按功能选择/复位键，即可开始测量。每完成一个周期，显示的周期数会自动减 1，当最后一次遮光完成，显示累计时间值。按功能选择/复位键可显示本次实验前 24 个周期每个周期的测量值，如显示"E2"，则表示第二个周期的时间。

⑦ 计数(J)：测量光电门的遮光次数。

⑧ 仪器的自检功能：按住功能选择/复位键不放，再开启电源开关，数码管显示"2、2、2、2"、"5、5、5、5"，发光二极管全亮，说明仪器程序、光电门输入工作正常。

如整机无计时功能，请检查光电门是否正常。

当做完实验后，请将仪器电源关掉。

I　测量平均速度、瞬时速度和加速度

【实验目的】

(1) 学会使用气垫导轨、气源和光电计时系统。

(2) 掌握在气垫导轨上测量平均速度、瞬时速度和加速度的方法。

(3) 研究匀速直线运动和匀加速直线运动中平均速度和瞬时速度的关系。

【实验器材】

气垫导轨、气源、电脑计时器、高度块、各种挡光片等。

【实验原理】

1. 速度

根据运动学知识，运动物体在 Δt 时间内位移为 ΔS，得出平均速度为

$$\bar{v} = \frac{\Delta S}{\Delta t} \tag{1-3-1}$$

而当 $\Delta t \to 0$ 时，平均速度的极限值即为该物体的瞬时速度，即

$$v = \lim_{\Delta t \to 0} \bar{v} = \frac{\mathrm{d}S}{\mathrm{d}t} \tag{1-3-2}$$

在气垫导轨上任意位置放 A、B 两个光电门，其距离为 S_{AB}，滑块通过两个光电门所需的时间为 t_{AB}，则根据式(1-3-1)可知，滑块在两个光电门之间运动的平均速度为

$$\bar{v}_{AB} = \frac{S_{AB}}{t_{AB}} \tag{1-3-3}$$

滑块通过某一光电门时的瞬时速度可近似为

$$v = \frac{\Delta x}{\Delta t_A} \tag{1-3-4}$$

其中，Δx 为挡光片的挡光宽度，Δt_A 为挡光片通过光电门所需的时间。实验中要精确求出某点的瞬时速度，可采用逐次逼近法。

对于匀速直线运动，物体（滑块）在任意两点间的平均速度就等于物体在任意点的瞬时速度，即

$$\bar{v}_{AB} = v_A = v_B \tag{1-3-5}$$

对于匀加速直线运动，物体在 A、B 之间的平均速度和在 A 点及 B 点的瞬时速度 v_A 及 v_B 存在如下关系：

$$\bar{v}_{AB} = \frac{1}{2}(v_A + v_B) \tag{1-3-6}$$

但是，在匀加速直线运动中，物体在 AB 中点 C 的瞬时速度 v_C 并不一定等于其平均速度 $\bar{v}_{AB}$，即

$$v_C \neq \bar{v}_{AB}$$

2. 加速度

匀加速直线运动物体的加速度为

$$a = \frac{v_B^2 - v_A^2}{2S_{AB}} \tag{1-3-7}$$

其中，S_{AB} 为两光电门之间的距离，v_A、v_B 分别为物体通过光电门 A、B 时的瞬时速度。

实验可采用条形挡光片和凹形挡光片，其挡光宽度用 Δx 表示，如图 $1-3-3$ 所示。

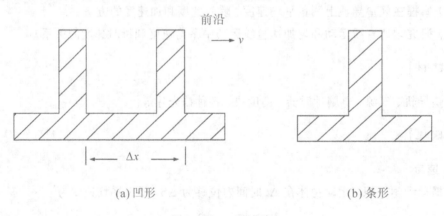

(a) 凹形   (b) 条形

图 $1-3-3$ 挡光片

【实验内容】

1. 调试仪器

（1）调节光电计时系统。距导轨两端约 30 cm 处分别放一只光电门并使之与电脑计时器相连，接通电脑计时器电源，开机后仪器自动进入自检状态，观察其能否正常工作。若能正常工作，则按功能选择/复位键选择计时 2，即 "S_2" 挡。

（2）送气。接通气源使高压气送入导轨。用小纸片检查气孔喷气情况。喷气无障碍时将装有凹形挡光片的滑块轻轻放在导轨上。此时滑块应能飘浮并自由移动。

注意：在未送气之前，千万不可将滑块放在导轨上，更不可在无气情况下在导轨上推动滑块。

（3）调节导轨水平。先粗调。送气后调节导轨底脚螺钉（一般调单脚螺钉），使滑块基本上能停留在两个光电门间的任何一处再细调，给滑块一定的初速度，使滑块在导轨两端的缓冲弹簧的作用下来回往复运动。当滑块上的挡光片在单程中经过两个光电门的时间 Δt_A 和 Δt_B 近似相等时，说明滑块的运动已基本处于匀速直线运动状态了，同时表明导轨已基本上达到水平状态，否则，需继续调平。

2. 测平均速度、瞬时速度

（1）匀速直线运动。轻轻推动滑块使滑块运动，分别记录滑块通过两个光电门的时间 Δt_A 和 Δt_B，再测出挡光片的挡光宽度 Δx，根据式(1-3-4)算出 v_A 和 v_B，并加以比较。若 v_A 和 v_B 相差较大，则需分析原因。

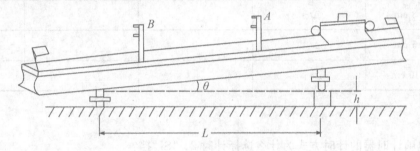

图 1-3-4　滑块沿斜面运动

（2）匀加速直线运动。

① 将导轨的一端（单脚螺钉端）用垫块垫起使导轨倾斜（见图 1-3-4），然后把光电门放在导轨上相距 60.0 cm 的 A、B 两点处，让滑块从导轨的最高点自由下滑，分别测出凹形挡光片通过光电门 A、B 的时间 Δt_A 和 Δt_B，多次测量取平均值，再测挡光片的宽度 Δx。

根据式(1-3-4)算出 v_A 和 v_B，再根据式(1-3-6)算出 $\overline{v}_{AB}$。

② 将凹形挡光片换成条形挡光片。（注意：调换挡光片时应保持滑块上挡光片前沿的位置不变）。测出两个光电门之间的距离 S_{AB}，让滑块从导轨的最高点自由下滑，测出条形挡光片通过两个光电门所需的时间 Δt_{AB}，由多次测量取平均并由式(1-3-3)算出 $\overline{v}_{AB}$，并比较两个结果是否相同。

③ 将其中一个光电门移至 A、B 的中点 C 处，重复①的动作，测出滑块通过 C 点的速度 v_C，验证 v_C 是否等于 $\overline{v}_{AB}$。

（3）用逐次逼近法测瞬时速度。保持前面(2)中③的条件，逐次用不同规格的挡光片测出滑块通过 C 点的速度，然后以 Δx 为横坐标，v_C 为纵坐标，作出 $v_C - \Delta x$ 图，求出 C 点处的瞬时速度 v_C。

3. 测加速度

根据前面所测出的 S_{AB}、v_A、v_B 值，由式(1-3-7)算出滑块运动的加速度，并与理论值 $a = g\sin\theta \approx g \cdot h/L$ 进行比较，其中：h 为垫块高度，L 为两底脚螺钉间的距离。

4. 所测数据

所测数据按表 1 - 3 - 1 进行记录。

表 1 - 3 - 1　匀速和匀加速直线运动

匀速直线运动：$\Delta x = 3$ cm　　　　$\Delta t_A =$　　　　$\Delta t_B =$

匀加速直线运动：

时间　　次数		一次	二次	三次
$\Delta x = 3$ cm	Δt_A			
$\Delta x = 3$ cm	Δt_B			
条形挡光片	Δt_{AB}			
$\Delta x = 3$ cm	Δt_{C3}			
$\Delta x = 5$ cm	Δt_{C5}			
$\Delta x = 10$ cm	Δt_{C10}			

思考题

1. 电脑计时器的计时方式为什么选择计时 2，"S_2"挡？
2. 你能否提出更简单的调节导轨水平的方法？

Ⅱ　验证动量守恒定律

【实验目的】

(1) 验证动量守恒定律。
(2) 了解完全弹性碰撞与完全非弹性碰撞的特点。

【实验器材】

气垫导轨、电脑计时器、光电门、滑块等。

【实验原理】

对于某一力学系统，如果系统所受的合外力为零，则系统的总动量保持不变，这就是动量守恒定律，即

$$\boldsymbol{P} = \sum_{i=1}^{n} m_i \boldsymbol{v}_i = 恒矢量 \qquad \left(\sum_{i=1}^{n} \boldsymbol{f}_i = 0 \right)$$

式中，m_i 和 v_i 分别是系统中第 i 个物体的质量和速度，n 是系统中物体的数目。

若系统所受合外力在某个方向的分量为零，则此系统该方向的总动量守恒，即

$$\sum_{i=1}^{n} F_{ix} = 0, \qquad \sum_{i=1}^{n} m_i \boldsymbol{v}_{ix} = 恒量$$

在本实验中，我们利用气垫导轨上两滑块的碰撞来验证动量守恒定律，如图 3 - 1 - 5 所示。在水平导轨上若忽略滑块与导轨之间的摩擦力，则滑块 1 和滑块 2 之间除在碰撞时受到相互作用的内力之外，水平方向将不受力，因而碰撞前后的总动量保持不变，即

$$m_1 \boldsymbol{v}_1 + m_2 \boldsymbol{v}_2 = m_1 \boldsymbol{v}_{10} + m_2 \boldsymbol{v}_{20}$$

式中，m_1 和 m_2 分别为两滑块的质量，v_{10}、v_{20} 和 v_1、v_2 分别为两滑块碰撞前、后的运动速度。

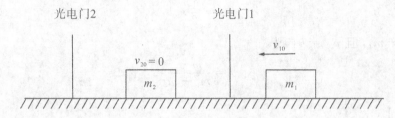

图 1 - 3 - 5 滑块以尾追方式相碰

在直线运动中，给定正方向后，上述矢量式可写成分量式

$$m_1 v_1 + m_2 v_2 = m_1 v_{10} + m_2 v_{20} \qquad (1 - 3 - 8)$$

下面将分完全弹性碰撞和完全非弹性碰撞两种情况进行讨论。

1. 完全弹性碰撞

完全弹性碰撞的特点是碰撞前后系统的动量守恒，机械能也守恒。如果在两个滑块的相碰端装上弹性极佳的缓冲弹簧，则滑块相碰过程中可近似地看作是没有机械能损耗的完全弹性碰撞（见图 1 - 3 - 5），此时有

$$\frac{1}{2} m_1 v_{10}^2 + \frac{1}{2} m_2 v_{20}^2 = \frac{1}{2} m_1 v_1^2 + \frac{1}{2} m_2 v_2^2 \qquad (1 - 3 - 9)$$

根据式（1 - 3 - 8）和式（1 - 3 - 9）可得

$$v_1 = \frac{(m_1 - m_2) v_{10} + 2 m_2 v_{20}}{m_1 + m_2} \qquad (1 - 3 - 10)$$

$$v_2 = \frac{(m_2 - m_1) v_{20} + 2 m_1 v_{10}}{m_1 + m_2} \qquad (1 - 3 - 11)$$

若 $m_1 = m_2$（两滑块质量相等），且 $v_{20} = 0$，则

$$\left. \begin{array}{l} v_1 = 0 \\ v_2 = v_{10} \end{array} \right\} \qquad (1 - 3 - 12)$$

即两个滑块彼此交换速度。

若 $m_1 \neq m_2$，仍令 $v_{20} = 0$，则

$$\left. \begin{array}{l} v_1 = \dfrac{(m_1 - m_2) v_{10}}{m_1 + m_2} \\[2mm] v_2 = \dfrac{2 m_1 v_{10}}{m_1 + m_2} \end{array} \right\} \qquad (1 - 3 - 13)$$

2. 完全非弹性碰撞

如果两物体碰撞后以共同的速度运动而不分开，就称为完全非弹性碰撞。其特点是碰

撞前后动量守恒，但机械能不守恒。为实现完全非弹性碰撞，可以在滑块的相碰端装上尼龙搭扣或橡皮泥。

设碰撞后两物体的共同运动速度为 $v = v_1 = v_2$，则由式（1-3-8）得

$$v = \frac{m_1 v_{10} + m_2 v_{20}}{m_1 + m_2} \tag{1-3-14}$$

若 $m_1 = m_2$，且 $v_{20} = 0$，则

$$v = \frac{1}{2} v_{10} \tag{1-3-15}$$

若 $m_1 \neq m_2$，且 $v_{20} = 0$，则

$$v = \frac{m_1 v_{10}}{m_1 + m_2} \tag{1-3-16}$$

【实验内容】

（1）将气垫导轨调成水平状态，并使光电计时系统正常工作。

（2）在完全弹性碰撞情形下验证动量守恒定律：

① 将在带有缓冲弹簧的两个滑块（质量相等即 $m_1 = m_2$）上，分别装上挡光片。接通气源，将一个滑块（例如 m_2）置于两个光电门之间，并令它静止（即 $v_{20} = 0$）。

② 将另一滑块（例如 m_1）放在导轨的任一端，轻轻将它推向滑块 m_2，记下滑块 m_1 通过光电门 1 的时间 Δt_{10}。

③ 质量为 m_1 的滑块与质量为 m_2 的滑块相碰后，m_1 静止，而 m_2 向前运动，记下 m_2 经过光电门 2 的时间 Δt_2。

④ 测出挡光片的宽度 Δx_1 和 Δx_2，根据速度公式算出 $v_{10} = \frac{\Delta x_1}{\Delta t_1}$ 和 $v_2 = \frac{\Delta x_2}{\Delta t_2}$。

按上述步骤重复 3 次，利用测得的数据分别验证每次碰撞前后的动量是否守恒。

⑤ 取质量不等的两个滑块（$m_1 \neq m_2$）进行完全弹性碰撞，重复上述步骤，验证碰撞前后动量是否守恒。

（3）在完全非弹性碰撞情形下验证动量守恒定律：

① 在两滑块的相碰端安上尼龙搭扣或橡皮泥。

② 在两滑块的质量相等（即 $m_1 = m_2$），$v_{20} = 0$ 的条件下，进行碰撞，测出碰撞前后的速度，验证是否符合式（1-3-15），重复 3 次。

③ 在两滑块的质量不相等（$m_1 \neq m_2$），滑块 1 上贴一些橡皮泥，$v_{20} = 0$ 的条件下，进行碰撞，测出碰撞前后的速度，验证是否符合式（1-3-16），重复 3 次。

思考题

1. 在完全弹性碰撞情形下，当 $m_1 \neq m_2$，$v_{20} = 0$ 时，两个滑块碰撞前后的总动能是否相等？根据实验数据验算一下。如果不完全相等，试分析产生误差的原因。

2. 在完全非弹性碰撞情形下，若取 $m_1 = m_2$，v_{10} 和 v_{20} 都不等于零，而且方向相同，则由式（1-3-14）得 $v = \frac{v_{10} + v_{20}}{2}$。试问，如果要验证这个公式，实验应当如何进行？

Ⅲ　简谐振动的研究

【实验目的】

(1) 观察简谐振动现象。

(2) 学会使用光电计时器测定振动的周期。

【实验器材】

气垫导轨、电脑计时器、滑块、弹簧。

【实验原理】

在水平导轨上，用两支弹簧和滑块按照图 1-3-6(a)连接好，就构成了一个弹簧振子系统。在质量为 m 的滑块位于平衡位置 O 时，滑块所受合外力为零。

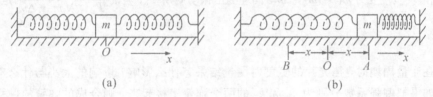

(a)　　　　　　　　　　(b)

图 1-3-6　弹簧振子

当把滑块从 O 点向右移动距离 x 时，如图 1-3-6(b)所示，则左边弹簧被拉长，右边弹簧被压缩，滑块分别受两弹簧的作用力为 $k_1 x$ 和 $k_2 x$，方向均向左，合力大小为 $(k_1 + k_2)x$。考虑到弹性力 F 的方向指向平衡位置 O，跟位移方向相反，故有

$$F = -(k_1 + k_2)x \tag{1-3-17}$$

式中，k_1 和 k_2 分别为两弹簧的倔强系数。如果忽略弹簧的质量和振动过程中的阻尼力，滑块在弹性力作用下的运动微分方程为

$$m\frac{\mathrm{d}^2 x}{\mathrm{d}t^2} = -(k_1 + k_2)x \tag{1-3-18}$$

令

$$\omega^2 = \frac{k_1 + k_2}{m} \tag{1-3-19}$$

则令

$$\frac{\mathrm{d}^2 x}{\mathrm{d}t^2} = -\omega^2 x \tag{1-3-20}$$

其解为

$$x = A\cos(\omega t + \varphi) \tag{1-3-21}$$

式(1-3-21)表明滑块的运动是简谐振动。其中振幅为 A，表示滑块运动的最大位移；ω 是圆频率，跟运动系统的特性 k_1、k_2 有关；φ 为初位相，与初始状态有关。滑块运动一周所需的时间叫做周期，通常用 T 表示：

$$T = \frac{2\pi}{\omega} = 2\pi\sqrt{\frac{m}{k_1 + k_2}} \tag{1-3-22}$$

若 $k_1 = k_2 = k$，则

$$T = 2\pi\sqrt{\frac{m}{2k}} \tag{1-3-23}$$

可见，简谐振动系统的周期只与系统本身的特性有关。

【实验内容】

(1) 接通气源，将气垫导轨调平。

(2) 滑块上安置一个挡光片，并将振动系统按图 1-3-6 所示安装到气垫导轨上。给滑块一个位移（拉离平衡位置 O 并松开），就可观测到滑块的振动情况。

(3) 测振动周期。将光电门放到振动系统的平衡位置（即 O 点），电脑计时器选择开关置于周期(T)，按转换键确认所需周期数（周期数至少为 15），测出周期 T。

(4) 改变振动系统的振幅，同理测出周期 T'，比较振幅对振动周期是否有影响。

(5) 改变滑块的质量，观测振动周期随质量 m 的变化情况。在滑块上加一些橡皮泥（质量为 Δm)，则滑块质量变为 $m_1 = m + \Delta m$。同理测出振动周期 T_1，验证 $\dfrac{T}{T_1} = \sqrt{\dfrac{m}{m + \Delta m}}$ 是否成立。

思考题

1. 在测量周期时，挡光片的宽度对测量结果有什么影响？影响的大小与什么有关？

2. 如果把倔强系数分别为 k_1 和 k_2 的两个弹簧串接起来，则合成的弹簧的倔强系数为多大？如果并联起来，则倔强系数又为多大呢？

实验 1 - 4 分光计的调节和使用

【实验目的】

(1) 了解分光计的结构及其组成部分的作用。
(2) 掌握分光计的调节和使用方法。

【实验器材】

分光计、平面反射镜、照明装置、玻璃三棱镜。

【实验原理】

分光计是用来准确测量角度的仪器。光学实验中测角的情况很多,如反射角、折射角、衍射角等。分光计和其他一些光学仪器如摄谱仪、单色仪等,在结构上有很多相似之处。图 1 - 4 - 1 就是分光计的构造图。分光计共有五个主要部分,即底座、望远镜、平行光管、载物平台和读数装置。

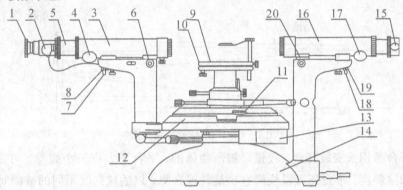

1—望远镜;2—照明灯;3—望远镜筒;4—望远镜调焦旋钮;5—叉丝(在望远镜筒内);6—望远镜光轴水平调节螺丝;7—望远镜光轴倾斜角调节螺丝;8—锁紧螺母;9— 载物平台;10—载物台倾斜度调节螺丝;11—游标圆盘;12—刻度圆盘;13—转座;14—底座;15—狭缝宽度调节螺丝;16—平行光管;17—平行光管调焦旋钮;18—平行光管光轴倾角调节螺丝;19—锁紧螺母;20—平行光管光轴水平调节螺丝

图 1 - 4 - 1 分光计的结构图

在底座的中央固定着中心竖轴,望远镜和读数圆盘可绕该轴转动,平行光管的立柱固定在底座上。

阿贝式自准直望远镜的结构如图 1 - 4 - 2 所示。它和一般的望远镜相似,有目镜、物镜和叉丝,不同点在于目镜为阿贝目镜。它是由两块透镜组成的复合目镜,在目镜和叉丝间装有全反射小棱镜。当用照明灯在镜筒外照射棱镜时,光线经棱镜全反射后沿望远镜轴线射出,并将叉丝照亮,借助一块放在载物平台上的平面镜可进行望远镜对无穷远调焦。目镜装在 B 筒里并可沿 B 筒前后滑动以改变目镜与叉丝间的距离。物镜固定在 A 筒另一端,B 筒可沿 A 筒滑动,以改变叉丝与物镜间的距离,使叉丝既能调到目镜的焦平面上又同时能调到物镜的焦平面上。整个望远镜安装在支臂上,支臂固定在转座上,转座可绕中心竖轴转动。

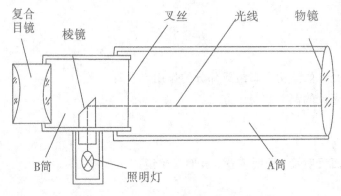

图 1-4-2 阿贝式自准直望远镜结构图

平行光管的结构如图 1-4-3 所示,它的作用是产生平行光。管筒的一端装有复合正透镜,另一端是装有狭缝的套管,它能够沿管筒前后滑动。狭缝的宽度能够调节。当用光源把狭缝照亮时,前后移动套管,改变狭缝和透镜的距离,使狭缝位于透镜的焦平面上,就可以产生平行光。整个平行光管安装在立柱上,立柱固定在底座上。

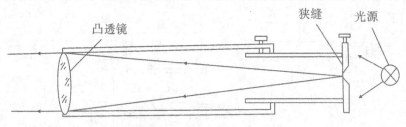

图 1-4-3 平行光管结构图

载物平台是用来安放光栅、棱镜等被测物体的。平台下方有三个螺丝,可用来调节平台的高度和倾斜度。平台还可以绕竖直轴旋转或升降,以适应高度不同的被测对象。

读数圆盘是由刻度圆盘和游标圆盘组成的,它们都可以绕中心竖直轴转动。游标圆盘与望远镜固结在一起,当望远镜固定时,若刻度圆盘绕轴转过了一个角度,可以从游标读出这个转角的数值。反之,若刻度圆盘固定,望远镜转动,则也可以从游标读出望远镜的转角。刻度圆盘分为 360°,共刻有 720 等分,每一格的格值为半度(30 分),小于半度则利用游标读数。游标上刻有 30 等分,故游标上每一小格的格值为 1′。角度游标的读数方法与游标卡尺的读数方法相似,读数时应将对径的两个游标的读数都记下来,以清除仪器的偏心误差。应当注意,如果游标转过刻度盘上 360°时,应在读数上加 360°。

【实验内容】

1. 分光计的调整

为了精确测量,必须将分光计调好。调节分光计的要求是:使平行光管发出平行光;望远镜接收平行光(聚焦无穷远);平行光管和望远镜的光轴与仪器的转轴垂直。调节前用眼睛估计,使各部件位置尽量合适,然后分别对各部分进行调节。

首先调节望远镜,步骤如下:

（1）使望远镜聚焦于无穷远。

接通电源，打开照明灯 2，使光线通过棱镜的全反射将叉丝照亮。前后移动目镜使叉丝位于目镜焦平面上，将叉丝看清楚，然后将一个平面反射镜垂直放在载物平台上。如图 1-4-4 所示，可将平面镜放在平台两个螺丝 B_1 和 B_2 的中垂线上，缓慢地转动台盘，先从望远镜找到由镜面反射回来的小光片，若找不到光片，说明镜面的倾斜度不合适，可调节螺丝 B_1 或 B_2，改变镜面对望远镜的倾斜度。

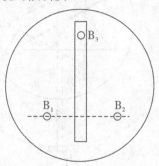

图 1-4-4　载物平台

找到光片以后，调节目镜和旋钮 4，将叉丝看清楚，并使叉丝的像刚好落在叉丝平面上。将头左右移动，如看到叉丝像与叉丝无相对位移（即无视差），说明望远镜已聚焦于无穷远。此时，叉丝位于望远镜的目镜和物镜的焦平面上。

（2）使望远镜光轴垂直于仪器转轴。

当看清楚由平面镜反射回来的叉丝像时，叉丝像与叉丝一般并不重合。调节螺丝 10和 7 使叉丝像与叉丝相重合，这说明镜面与望远镜的光轴已垂直。把载物台旋转 180°（平面镜也随之转了 180°），如叉丝像与叉丝又重合，则说明镜面平行于仪器转轴，所以望远镜的光轴也垂直于仪器的转轴了。如不重合，则继续调节平台上的螺丝 10 与望远镜下的螺丝 7，直到反射镜的任意一面对向望远镜时叉丝的像与叉丝都重合为止。这步调好后将望远镜的水平位置固定。

然后调节平行光管，步骤如下：

（1）使平行光管产生平行光。

将已聚焦于无穷远的望远镜作为标准，这时平行光射入望远镜必聚焦在叉丝面上，调节时将望远镜正对着平行光管，调节旋钮 17，使狭缝位于物镜的焦平面上，从望远镜中便能看到清晰的狭缝的像，并使狭缝的像与叉丝间无视差。这时平行光管发出的光为平行光。

（2）使平行光管光轴与仪器转轴垂直。

以调好的望远镜轴为标准，只要平行光管光轴与望远镜光轴平行，则平行光管光轴与仪器的转轴就必定垂直。首先使狭缝铅直放置，并让狭缝的像经过叉丝交点；然后使狭缝水平放置（转 90°），如果狭缝的像仍经过叉丝交点，则说明平行光管光轴与望远镜光轴平行，否则可调节螺丝 18 达到此目的。调好之后将平行光管的水平位置固定。

2. 测三棱镜的顶角 A

（1）调节三棱镜。要求三棱镜的主截面垂直于仪器转轴。如图 1-4-5 所示，将三棱镜放在平台上，调节待测顶角 A 的两个侧面使之与仪器转轴平行。为了便于调节，可以将棱

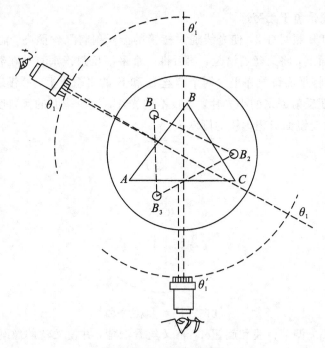

图 1 - 4 - 5　顶角的测定

镜三边垂直于平台下三个螺丝的连线放置。转动平台，使 AB 面正对望远镜时，调节螺丝 B_2，使 AB 面与望远镜光轴垂直。（**注意：不能调望远镜下的螺丝。**）然后使 AC 面正对望远镜，调节螺丝 B_3 使 AC 面与望远镜光轴垂直。直到由两个侧面（AB 和 AC）反射回来叉丝的像与叉丝重合为止。这样三棱镜的镜面 AB 和 AC 就与仪器转轴平行了，即三棱镜的主截面垂直于仪器转轴。

（2）测三棱镜的顶角 A。

利用望远镜自身产生的平行光，即用照明灯 2 照亮叉丝。转动望远镜或台盘，先使棱镜 AB 面反射的叉丝像与叉丝重合，固定望远镜或台盘，记下刻度盘上两边的游标读数 θ_1、θ_2，然后再转动望远镜或台盘，使 AC 面反射的叉丝像与叉丝重合，固定望远镜或台盘，记下 θ'_1、θ'_2，则有

$$\varphi = \frac{1}{2}(|\theta_1 - \theta'_1| + |\theta_2 - \theta'_2|)$$

$$A = 180° - \varphi$$

思 考 题

1. 在测量前，分光计必须调整到合乎哪些要求？方法与步骤如何？
2. 为什么用视差法能够判断物和像是否在同一平面上？

第 2 章   基础性实验

- 三线摆法测物体转动惯量
- 利用电桥测量电阻
- 静电场的模拟及描绘
- 亥姆霍兹线圈磁场的描绘
- 铁磁材料的磁滞回线和基本磁化曲线
- 电子束的电子荷质比的测定
- 用牛顿环测透镜的曲率半径(显微镜法)
- 光栅特性及光波波长的测定
- 照相及暗室技术
- 迈克尔逊干涉仪
- 用密立根油滴仪测电子电荷 e
- 霍尔位置传感器测量杨氏模量
- 固体线膨胀系数的测定

实验 2 – 1　三线摆法测物体转动惯量

【实验目的】

(1) 学会用三线摆法测定刚体绕转动轴的转动惯量。
(2) 验证转动惯量的平行轴定理。

【实验器材】

三线摆、游标卡尺、米尺、秒表、水准器、待测物等。

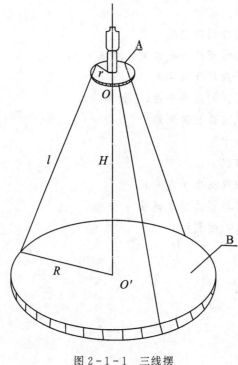

图 2 – 1 – 1　三线摆

【实验原理】

三线摆是由长度相等的三根线，上、下联结两个平行的均质圆盘所构成的，如图 2 – 1 – 1 所示。上盘 A 小于下盘 B，作悬盘用。使用时，应将上、下盘都调节成水平状态，三根线应保持张力相等。给上盘一个初始策动力矩，则下盘 B 在悬线的张力和自重力作用下，将在水平面内作扭转振动，同时又作垂直升降运动。在转角 θ 很小，悬线 l 很长，空气阻力和悬线扭力都忽略不计时，盘的角位移与它所受力矩（由悬线张力及重力的合力所形成）的大小成正比而反向。因此，三线摆可看成一个（准）简谐振动系统。

振动周期和转动惯量之间的关系推导如下：

把三线摆看成是绕定轴转动的刚体。根据转动定律

$$M = J\beta$$

当角位移为 θ 时，每条悬线的张力为 F，如图 $2-1-2$ 所示，把它们分解成垂直盘面的分量 $F_\perp$ 与平行盘面的分量 $F_\parallel$，则

$$F_\perp = F\cos\alpha,\ F_\parallel = F\sin\alpha$$

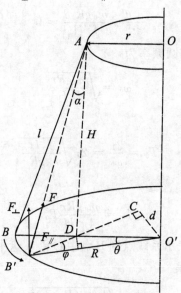

图 $2-1-2$　三线摆原理

由于 $F_\perp$ 不产生转动效应，所以总力矩为

$$M = 3F_\parallel \cdot d = 3F\sin\alpha \cdot d \qquad (2-1-1)$$

又根据牛顿第二定律得

$$3F\cos\alpha = m_0 g \qquad (m_0\ 为\ B\ 盘质量)$$

因此

$$3F = \frac{m_0 g}{\cos\alpha} = \frac{m_0 g}{H/l} = \frac{m_0 g l}{H} \qquad (2-1-2)$$

由几何关系知

$$\sin\alpha = \frac{\overline{B'D}}{l} \qquad (2-1-3)$$

$$d = R\sin\varphi = R \cdot \frac{r\sin\theta}{\overline{B'D}} \qquad (2-1-4)$$

将式 $(2-1-2)$、式 $(2-1-3)$、式 $(2-1-4)$ 代入式 $(2-1-1)$，并整理得

$$M = \frac{m_0 g R r \sin\theta}{H}$$

当摆角 θ 很小时，$\sin\theta \approx \theta$，则

$$M = \frac{m_0 g R r \theta}{H} \qquad (2-1-5)$$

因力矩方向和转动方向相反，故转动定律可写成

$$M = -J_0 \frac{\mathrm{d}^2\theta}{\mathrm{d}t^2} \qquad (2-1-6)$$

将 $(2-1-5)$ 式代入式 $(2-1-6)$ 可得

$$J_0 \frac{\mathrm{d}^2\theta}{\mathrm{d}t^2} + \frac{m_0 gRr\theta}{H} = 0 \qquad\qquad (2-1-7)$$

可将式(2-1-7)改写成

$$\frac{\mathrm{d}^2\theta}{\mathrm{d}t^2} + \frac{m_0 gRr\theta}{J_0 H} = 0$$

即为简谐振动的微分方程,其圆频率为

$$\omega_0 = \sqrt{\frac{m_0 gRr}{J_0 H}}$$

其周期为

$$T_0 = \frac{2\pi}{\omega_0} = 2\pi\sqrt{\frac{J_0 H}{m_0 gRr}}$$

整理可得

$$J_0 = \frac{m_0 gRr}{4\pi^2 H}T_0^2 \qquad\qquad (2-1-8)$$

式(2-1-8)中,R 和 r 分别表示系线点到 B 盘中心和 A 盘中心的距离;H 为 A、B 盘间距离,由式(2-1-9)可确定其值

$$H = \sqrt{l^2 - (R-r)^2} \qquad\qquad (2-1-9)$$

当将质量为 m 的待测物放在 B 盘上,则整个系统的转动惯量为

$$J' = J + J_0 = \frac{(m+m_0)gRr}{4\pi^2 H}T^2 \qquad\qquad (2-1-10)$$

待测物体的转动惯量为

$$J = J' - J_0 \qquad\qquad (2-1-11)$$

其中,J_0 为空盘的转动惯量,J' 为空盘和待测物绕其中心轴的转动惯量,J 为待测物绕其中心轴的转动惯量。

　　用三线摆法也可验证转动惯量的平行轴定理,因为物体的转动惯量随着转轴的不同而有所改变。就两个平行轴而言,物体对任意轴的转动惯量 J_x,等于通过此物体以质心为轴(此轴与该任意轴平行)的转动惯量 J_c 加上物体的质量 m 与两轴间距离的平方的乘积。这就是平行轴定理,写成

$$J_x = J_c + md^2 \qquad\qquad (2-1-12)$$

【实验内容】

1. 调整仪器

(1) 用卡尺测 A 盘半径 r,用米尺测 B 盘半径 R,每个量测 5 遍,求其平均值。

(2) 调节三条摆线等长(可借助米尺)使 A、B 盘平行,并用固定螺钉将 3 个调整旋钮固定,然后记录摆线长度。

(3) 将水准仪放在 B 盘中心处,调底脚螺丝,使 B 盘处于水平状态。

2. 测量 B 盘对其中心轴的转动惯量

(1) 测量 B 盘的摆动周期 T_0。

扭动上盘 A，使下盘作扭转摆动，当摆动平稳时，用秒表测出连续 50 个周期的时间 t_0，算出周期 $T_0 (= t_0/50)$，继续重复 4 遍，最后求出平均周期 $\overline{T}_0$。

注意：摆角不要过大 $(\theta < 5°)$，摆盘不要有左、右、前、后的摆动。

（2）将所测值代入式（2-1-8），算出 B 盘对其中心轴的转动惯量 J_0。（B 盘质量 m_0 和重力加速度 g 值由实验室给出）。

3. 测量待测物体对自身对称轴的转动惯量

（1）将质量为 m（已知）的待测物体（圆柱体或圆环）轻放到 B 盘上，使其轴线与三线摆的转动轴重合。

（2）测量系统的摆动周期 T，方法和要求与上述相同。算出系统（B 盘和待测物体组成）绕其对称轴的转动惯量 J'。

（3）根据式（2-1-11）算出待测物体绕其对称轴的转动惯量 J。

4. 验证平行轴定理（选作）

（1）将两个完全相同的物体（可再选一个与上述完全相同的待测物）对称地放在 B 盘上，应注意让三根悬线的张力尽量相等（见图 2-1-3）；

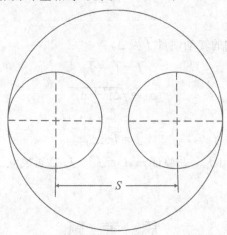

图 2-1-3　B 盘上放两个相同物体

（2）用游标卡尺测出两物体中心的距离 S；

（3）测出此时系统摆动的周期 T'；

（4）用式（2-1-10）算出加上两物体时，系统绕其中心轴的转动惯量 J'。注意此时式（2-1-8）中 m 应为两物体的总质量，即 $m = 2m'$。由于两物体相同，所以每个物体绕三线摆中心轴的转动惯量是

$$J_x = \frac{1}{2}(J' - J_0)$$

因此

$$J_x - J_c = m'd^2$$

即

$$m'd^2 = J_x - J_c \ (d = S/2)$$

【数据处理】

(1) 计算空盘时的转动惯量 $\overline{J_0}$ 及其不确定度 Δ_{J_0}。

$$\overline{J_0} = \frac{m_0 g \overline{R}\, \overline{r}}{4\pi^2 \overline{H}}\, \overline{T_0^2}$$

$$\Delta_{J_0} = \sqrt{\left(\frac{\Delta_{m_0}}{m_0}\right)^2 + \left(\frac{\Delta_R}{\overline{R}}\right)^2 + \left(\frac{\Delta_r}{\overline{r}}\right)^2 + \left(\frac{\Delta_H}{\overline{H}}\right)^2 + 4\left(\frac{\Delta_{T_0}}{\overline{T_0}}\right)^2} \cdot \overline{J_0}$$

其中：$\Delta_R = \sqrt{S_R^2 + \Delta_{\text{米}}^2}$；$\Delta_r = \sqrt{S_r^2 + \Delta_{\text{卡}}^2}$；$\Delta_{T_0} = \sqrt{S_{T_0}^2 + \Delta_{\text{表}}^2}$。

已知：$\Delta_m = 0.002\text{ kg}$，$\Delta_{\text{米}} = 0.5\text{ mm}$，$\Delta_{\text{卡}} = 0.01\text{ mm}$，$\left(\frac{\Delta_H}{H}\right)$ 忽略。

最后结果：$J_0 = \overline{J_0} \pm \Delta_{J_0}$。

(2) 计算加上待测物体后的转动惯量 J'。

① 先求 $\overline{J'}$ 及 $\Delta_{J'}$。$\Delta_{J'}$ 可参照不确定度传递公式或数据处理1，自行推导并计算，结果为

$$J' = \overline{J_0} \pm \Delta_{J_0}$$

其中，$\Delta_m = 0.1\text{ g}$。

② 计算物体绕中心轴的转动惯量 $\overline{J}$ 及 Δ_J：

$$\overline{J} = \overline{J'} - \overline{J_0}$$

$$\Delta_J = \sqrt{\Delta_{J'}^2 + \Delta_{J_0}^2}$$

最终结果为

$$J = \overline{J} \pm \Delta_J$$

(3) 用有关公式计算出 J_x，并验证 $m'd^2 = J_x - J_c$ 是否成立。若有误差，说明产生误差的原因。

思 考 题

1. 测转动惯量时，为什么要求二盘水平？有一个或都不水平对实验有什么影响？

2. 为什么摆角要小，如果摆角大了会有什么影响？

3. 为什么要使三个线长 l 都相等，并且三线张力相等？如不相等会产生什么影响？

4. 测物体转动惯量时，如果物体的质心不通过转轴，则所得结果会怎样？

实验 2-2　利用电桥测量电阻

【实验目的】

(1) 掌握惠斯通电桥的工作原理，初步了解桥式电路的特点。

(2) 掌握惠斯通电桥的使用方法，学会用惠斯通电桥测量中值电阻。

(3) 掌握用惠斯通电桥验证电阻的串、并联公式。

【实验器材】

QJ19 型单双臂两用电桥、直流指针式检流计、直流稳压电源、万用表、待测电阻、导线。

【实验原理】

电阻是电路中的基本元件，电阻值的测量是基本的电学测量之一。测电阻的方法很多，其中电桥应用得最为广泛。

1. 惠斯通电桥的线路原理

惠斯通电桥的线路原理图如图 2-2-1 所示，四个电阻 R_1、R_2、$R_内$、R_x 首尾相接组成一个四边形，其中每一条边称为电桥的一个臂。四边形的一条对角线 DB 与检流计相接，另一条对角线 AC 与直流稳压电源相接。

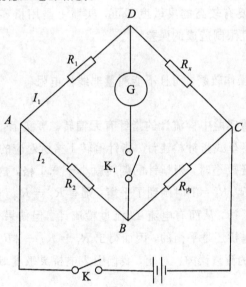

图 2-2-1　惠斯通电桥的线路原理图

连接检流计的一段电路 DB 称为桥路。一般情况下，当整体桥路全部接通时检流计指针不指零，或向左或向右偏转，表明桥路中有电流 I 存在。如果适当调节电桥各臂的阻值，则可使检流计的指针停在零位不动，此时说明桥路中已无电流通过，即 D 与 B 两点的电位相等，此状态称为桥路的平衡状态。根据欧姆定律，当桥路达平衡状态时，通过检流计测得：

$$I_g = 0$$

由 $U_{AD} = U_{AB}$，$U_{CB} = U_{CD}$，得

$$I_1 R_1 = I_2 R_2$$
$$I_1 R_x = I_2 R_内$$

整理可得

$$\frac{R_1}{R_2} = \frac{R_x}{R_内} \tag{2-2-1}$$

称式(2-2-1)为桥路的平衡条件。

如果 R_1、R_2、$R_内$ 已知，则 $R_x = R_内 \times R_1 / R_2 = R_内 \times K_S$。其中，$K_S = R_1 / R_2$。$R_1$、$R_2$ 是确定比例系数的臂，通常称为比例臂或比率臂，$R_内$ 称为比较臂，它们都是标准电阻。

由上可见，根据待测电阻的数量级，只要适当调节 R_1、R_2，确定好比例系数 K_S，再调节比较臂 $R_内$，即可测得 R_x。

2. 利用平衡电桥法测电阻的主要优缺点

(1) 优点：

① 由于 R_1、R_2、$R_内$ 都是标准电阻，加之检流计的灵敏度较高，因此被测电阻 R_x 容易达到较高的准确度。

② 电桥电路的检流计只用来判断有无电流，并不需要提供读数，所以选用的检流计(悬丝式灵敏检流计)只要有较高的灵敏度即可。实质上是用指零仪器代替了偏转读数仪表，从而避免了电表刻度限制造成的误差。

(2) 缺点：

电桥的主要缺点是操作较繁，而且不能测量非线性电阻。

3. 电桥的灵敏度

电桥是否平衡，是看实验中检流计的指针有无偏转。事实上，检流计的灵敏度总是有限的，如实验中所用的悬丝式指针检流计，指针偏转 1 格所对应的电流大约为 1 mA，当通过它的电流比 0.1 mA 还要小时，则指针的偏转就小于 0.1 格，这样指针的偏转就很难被观察出来。假设电桥在 $R_1 / R_2 = 1$ 时调到了平衡，则有 $R_x = R_内$，这时若把 $R_内$ 改变一个量 $\Delta R_内$，则电桥就会失去平衡，从而有电流 I_g 流过检流计。但如果 I_g 小到检流计觉察不出来，那么我们就会认为电桥还是平衡的，因而得出 $R_x = R_内 + \Delta R_内$，而 $\Delta R_内$ 内就是由于检流计灵敏度不够而带来的测量误差。对此，我们引入电桥灵敏度 S 的概念，将它定义为

$$S = \frac{\Delta n}{\dfrac{\Delta R_x}{R_x}}$$

ΔR_x 是在电桥平衡后 R_x 的微小改变量(实际上待测电阻是不能变的，改变的是标准电阻 $R_内$)，而 Δn 是由于电桥偏离平衡而引起的检流计的偏转格数。Δn 越大，说明电桥越灵敏，带来的误差也就越小。例如 $S = 100$ 格 $= 1$ 格/1%，也就是当 R_x 改变 1% 时，检流计可以有 1 格

的偏转。通常我们可以检查出 1/10 格的偏转，也就是说，该电桥平衡后，R_x 只要改变 0.1% 我们就可以检查出来，这样则由于电桥灵敏度的限制所带来的误差就肯定小于 0.1%。

【实验内容】

1. 仪器描述与实验线路

QJ19 型单双臂两用电桥基本线路与图 2-2-1 相同，所不同的是，QJ19 型单双臂两用电桥把整个电路都装在箱内，以便于携带。QJ19 型单双臂两用电桥面板图，如图 2-2-2 所示。

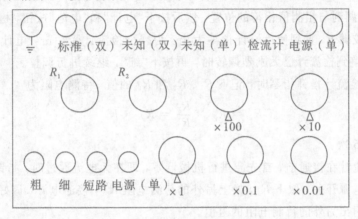

图 2-2-2 QJ19 型单双臂两用电桥面板图

为了便于测量，箱式电桥中比例臂 R_1、R_2 均有四个挡可调，即 10^1、10^2、10^3、10^4。由此可得，比例系数 $K_s = R_1/R_2$ 的值为十进固定制（共分 0.001、0.01、0.1、1、10、100、1000 七挡），比例臂 $R_内$ 可从 0.01 Ω 跳到 1000 Ω。测量时，用短路片将标准（双）端钮短路，将被测电阻接于未知（单）端钮、电源接到电源（单）端钮（接直流电源时一定要注意极性，正极接正，负极接负，不可接反），这样即可进行测量。

2. 影响测量结果的几个主要因素

（1）为了提高测量的精确度，连接导线则要尽量短而粗，同时，为了减小导线的接触电阻，各接触点应该保持清洁、紧密接触。一般导线的接触电阻的数量级约为 10^{-2}。当被测电阻小于 1 Ω 时，这些附加电阻已可以和被测电阻相比，因此惠斯通电桥不能用来测低电阻。

（2）桥式电路的绝对灵敏度用 $\Delta n/\Delta R_x$ 表示，其中 Δn 是电桥平衡以后，因 R_x 发生 ΔR_x 的改变使电桥失去平衡的检流计偏转的格数。可以证明，在给定电源和检流计时，各臂的电阻越大，灵敏度就越低，因此，惠斯通电桥不能用来测量阻值太大的电阻（10^6 以上）。在各臂阻值一定的条件下，当 $R_1 = R_2$ 时灵敏度较高。

（3）电源电压越高，电桥灵敏度也越高。但增大电压会使通过各臂的电流增大而发热，从而引起阻值的改变，所以电源电压不宜过大，同时通电时间应尽量缩段，以求减少这种误差。

3. 实验步骤

（1）用万用电表测被测电阻的大约阻值，并记下读数。

（2）按图 2-2-2 接线，电源 E 的一端暂勿接上，各电键都打开，接头处要擦净，接线柱要拧紧，导线要尽量短而粗，接线力求整齐，接好后请老师检查，经允许后再进行下列步骤。

（3）接通电源，同时根据被测电阻 R_x 的数量级调好电源电压。R_x 若在 $10^3 \Omega$ 以下，则电源电压选 3 V；若在 $10^3 \Omega$ 以上，则电源电压选 6 V。

（4）根据被测电阻的粗测值选择比例臂 R_1、R_2，确定适当的比例系数（勿使 $R_内$ 位数读满）。

（5）将 $R_内$ 调到与粗测值相符的位置，然后按下"电计"和"电池"按钮，检流计此时产生偏转，调整比较臂 $R_内$ 直到使检流计指零为止。为减少检流计受冲击，电计按钮可先按下"粗"，当 R 调整到检流计已无剧烈偏转时，再按下"细"，继续进行调整。

当调整到检流计指针指零时，记下 R_1、R_2 和 $R_内$ 的值，待测电阻为

$$R_x = R_内 \times \frac{R_1}{R_2} = R_内 \times K_S$$

要求重复测量 5 次。

注意：检流计在接通前，首先要进行机械调零，即在无电流通过时，指针恰好指零。

（6）断开电源开关，取下 R_x，换上另外的待测电阻 R'_x，接通电源，调好电压，重复上述步骤，即可测出另外的待测电阻的阻值。

（7）将被测电阻 R_x，R'_x 分别进行串联和并联，重复上述实验，将实验结果分别与串、并联电阻公式进行比较（此项实验可作为选作项目）。

（8）将实验数据及计算结果记入自拟的表格。

【**数据处理**】

列出用 QJ19 型单双臂两用电桥测量未知电阻的数据及其测量结果，多次测量取平均，即

$$\overline{R_x} = \frac{1}{n} \sum_{i=1}^{n} R_i$$

$$\Delta R_x = \sqrt{S_R^2 + \Delta_{ins}^2}$$

$$S_R = \sqrt{\frac{\sum_{i=1}^{n} (R_i - \overline{R})^2}{n-1}}$$

其中：$\Delta_{ins} = 0.01k$（k 为比例臂系数）；

最后结果：$R_x = \overline{R_x} \pm \Delta_{R_x}$。

思 考 题

1. 单臂电桥是由哪几部分组成的？其平衡条件是什么？

2. 测量时，如果连接被测电阻的接线柱松动断路，则会发生什么现象？这时电桥还能否平衡？

实验 2-3 静电场的模拟及描绘

【实验目的】

(1) 学习模拟法描绘静电场的原理与方法。

(2) 加深对静电场中等位面与电力线分布情况的了解。

【实验器材】

如图 2-3-1 所示，JW240-Ⅲ型静电场描绘仪主要由主机、探极导线（红、黑表笔）、电极导线、电源线、导电玻璃模拟板组成。导电玻璃模拟极板分为点平行导线模拟板（见图 2-3-2 图一）、平面平行导线模拟板（见图 2-3-2 图二）、点对平面平行板（见图 2-3-2 图三）、同轴圆模拟板（见图 2-3-2 图四）。

图 2-3-1 静电场描绘仪

【实验原理】

静电场的分布比较复杂，用理论推导很困难。我们常采用模拟法来描绘与研究静电场，这是因为直接对静电场进行测量时，测量仪器本身总是导体或电介质，一旦把它们引入静电场，原来的静电场会受到影响而发生改变。模拟法就是用便于测量的，且规律和数学形式与待测物理现象（静电场）相似的物理现象（模拟场）来研究待测物理现象的方法。模拟静电场的方法很多，这里是用稳恒电流场来模拟静电场的。

静电场和"电流场"本来是两种不同性质的场，但这两种场都遵守拉普拉斯方程，具有相似性，即它们的描述都可以引入电位 V，电场强度 $E = -\Delta V$，它们都遵守高斯定理：$\oint_s E \cdot \mathrm{d}s = 0$（面内无电荷），$\oint_s J \cdot \mathrm{d}s = 0$（稳恒电流）。只要这两种场的边界条件相同，则这两个场中对应的电位就相同，又因为"电流场"中的"电流线"形状与静电场中电力线的形

极型	模拟板型式	等位线、电力线理论图形
图 一	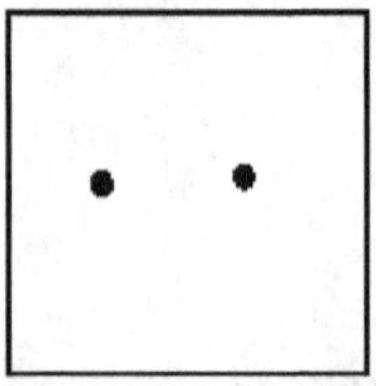	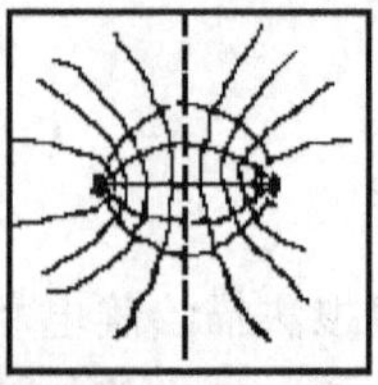
图 二	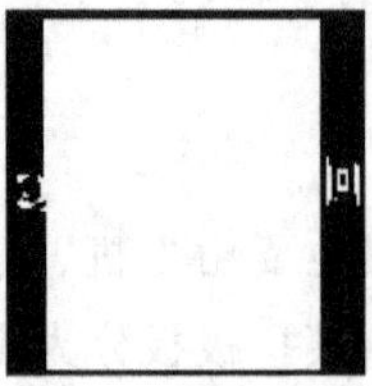	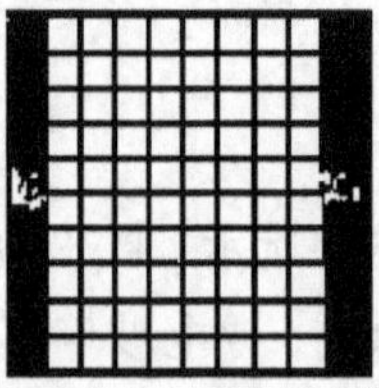
图 三	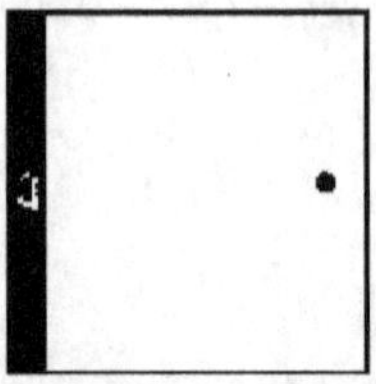	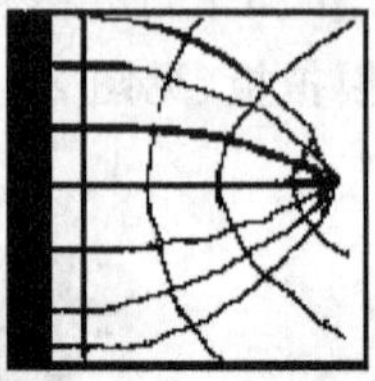
图 四		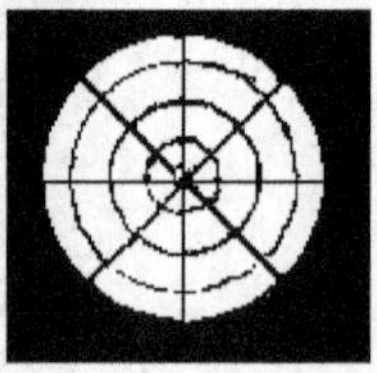

图 2-3-2   导电玻璃极板类型及模拟理论图形

状完全相同，所以我们用稳恒电流场来模拟静电场，用稳恒电流场的电位分布模拟静电场的电位分布。

静电场中的带电导体的表面是一个等位面，若要求电流场中的良导体也是等位面，则只需保证良导体的导电率远大于导电质的导电率即可。

"无限长"均匀柱电荷产生的电场，通常电场的分布是三维空间，一般模拟用的电流场也应该是三维的，但"无限长"均匀柱电荷产生的电场的电力线总是在垂直于柱的平面内（见图 2-3-1），所以模拟的电流场的"电流线"也只在这个平面内即可。

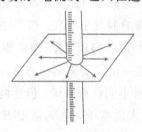

图 2-3-1   长均匀柱面的电流线

本实验做的是同轴圆柱形电极间电场的模拟及点和导线电极电场的模拟。

如：一根同轴圆柱体横断后有如图 2-3-2 所示那样的结构，A 为中心电极，B 为同轴外电极，将其安装在导电媒质上。在 A、B 电极之间加入电压 V_0，由于电极是对称的，因此电流将均匀地沿径向从正电极流向负电极，两个电极之间的电流场所形成的同心圆等位线就可以模拟一个"无限长"均匀带电圆柱所形成的等位面。

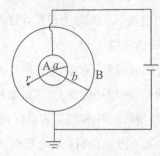

图 2-3-2　同轴柱面的静电场

"无限长"均匀带电的同轴导体之间的电场强度为

$$E = \frac{\lambda}{2\pi\varepsilon r} \qquad (2-3-1)$$

式中，λ 为导体上的线电荷密度（即单位长度上的电荷量）；ε 为电介质的介电常数；r 为两导体之间任意一点的半径。

图 2-3-2 中，a 为内电极半径的半径，b 为外电极的内半径。

两导体之间的电位差 V_0 为

$$V_0 = \int_a^b E \cdot \mathrm{d}r = \int_a^b \frac{\lambda}{2\pi\varepsilon r}\mathrm{d}r = \frac{\lambda}{2\pi\varepsilon}\ln\frac{b}{a} \qquad (2-3-2)$$

整理后得：

$$\frac{\lambda}{2\pi\varepsilon} = \frac{V_0}{\ln\dfrac{b}{a}} \qquad (2-3-3)$$

两电极间任意一点 P 与外电极之间的电位差 V 为

$$V = \int_r^b E \cdot \mathrm{d}r = \frac{\lambda}{2\pi\varepsilon}\ln\frac{b}{r} \qquad (2-3-4)$$

将式（2-3-3）代入式（2-3-4），得：

$$V = V_0 \frac{\ln\dfrac{b}{r}}{\ln\dfrac{b}{a}} \qquad (2-3-5)$$

为计算方便，可写作：

$$V = V_0 \frac{\log\dfrac{b}{r}}{\log\dfrac{b}{a}} \qquad (2-3-6)$$

【实验内容】

1. 等位电压测量

(1) 同心圆柱电极间电场的模拟。

① 先将电极导线与面板上的电极 A、B 对色相接，红黑鱼夹与同轴模拟板电极相接。再将探极与面板上的电极 C、D 对色相接。

② 仪器水平放置好后，仪表机械调零，接通电源开关，P 指示灯亮。

③ 按压开关至 G 向，调节旋钮 W 和补偿钮 J，使得电压表达到 9 V（电流指针应不动，后可按至 G 反向进入测量状态（检流计指针和电压表指针偏转））。

④ 测量方法：测同轴极板在某一点电位时，若电压值为 5 V，检流计指示值为 25 时，则依据此指示值寻找该曲线电压值为 5 V 时的其他等位点（即检流计的指针左右摆动指示起到引导寻找系列 Q 点的作用）。在实测时，极板上可测曲线条数 5 条，每条曲线找 8 个点即可（可按教学要求增减）。

⑤ 测量时，用 D 探极笔（红笔）在要测的模拟板上分别寻找到 2 V、3 V、4 V、5 V、6 V、7 V、8 V 电压值。若不是整数值，可改变测试点使指针接近或等于整数值，并可微调 W 补偿到整数，以便记录和作图。每个电压值分别选取 8~16 个等位点，并在记录纸上记录每个点的坐标，以便课后在坐标纸上画图。

(2) 点对平面平行板电极电场模拟。把电极板换成点对平面平行板电极后，重复(1)中 ① ~⑤ 的操作。

(3) 点平行导线模拟板、平面平行导线模拟板电的模拟。（选作内容）

2. 模拟理论图形

(1) 分别将在同轴电极和点对平面平行板电极模拟中测量到的等位点连成等位线，并与理论图形进行比较。

(2) 根据电场线与等位线垂直的特点，画出被模拟空间的电场线。根据等位线的疏密和电势降落，指出何处电场强何处电场弱，并说明电场方向。

(3) 测量同轴圆柱电极间的电场分布图中每条等位线的直径及内外电极直径，根据式(2-3-6)计算每条等位线的电位值（即 V_r 的理论值），与测量值相比较。

思 考 题

1. 本题目的理论公式 $V = V_0 \dfrac{\log \dfrac{b}{r}}{\log \dfrac{b}{a}}$ 是在中心处电势为 V_0，边缘处电势为 0 V 的情况下导出的，如果中心处电势为 0 V，边缘处电势为 V，则理论公式应怎样表示？

2. 如果电流场加一倍，则等位线、电力线的形状是否变化？电场强度和电位分布是否变化？

3. 从实验的结果，是否能说明电极的电导率远大于导电玻璃的电导率？如果不满足这个条件，应出现什么现象？

实验 2-4　亥姆霍兹线圈磁场的描绘

【实验目的】

(1) 学习电磁感法测磁场的原理。
(2) 学习用探测线圈测量载流线圈磁场的方法。
(3) 验证磁场叠加原理。
(4) 了解亥姆霍兹线圈磁场的特点。

【实验器材】

数显频率电流信号源电压测量仪、圆形电流线圈两个、实验平台、探测线圈。

【实验原理】

1. 电磁感应法测磁场

当导线中通有变化电流时，其周围空间必然产生变化磁场。处在变化磁场中的闭合回路，由于通过它的磁通量发生变化，故回路中将有感应电动势产生，通过测量此感应电动势的大小就可以计算出磁场的量值，这就是感应法测磁场的原理。

假定有一个均匀的交变磁场，其量值随时间 t 按正弦规律变化，即有

$$B_i = B_m \sin(\omega t) \tag{2-4-1}$$

式中，B_m 为磁感应强度的峰值，其有效值记作 B_i；ω 为角频率。再假设，置于此磁场中的探测线圈 T（线圈面积为 S，共有 N 匝）的法线 $\boldsymbol{e}_n$ 与 $\boldsymbol{B}_i$ 之间的夹角为 θ，如图 2-4-1 所示，则通过 T 的总磁通 φ_i 为

$$\varphi_i = N\boldsymbol{S} \cdot \boldsymbol{B}_i = NSB_m \sin(\omega t)\cos\theta \tag{2-4-2}$$

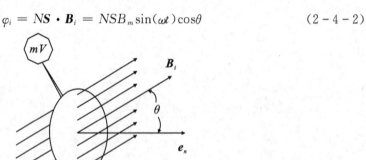

图 2-4-1　置于磁场中的探测线圈

由于磁场是交变的，因此在探测线圈中会出现感应电动势，其值为

$$\varepsilon = -\frac{\mathrm{d}\phi_i}{\mathrm{d}t} = -NS\omega B_m \cos(\omega t)\cos\theta \tag{2-4-3}$$

如果把 T 的两条引线与一个交流数字电压表连接，则交流数字电压表的读数 U 表示被测量值的有效值(rms)，当其内阻远大于探测线圈的电阻时，有：

$$U = \varepsilon_{rms} = NS\omega B\cos\theta \qquad (2-4-4)$$

从式(2-4-4)可知,当 N、S、ω、B 一定时,角 θ 越小,则交流数字电压表的读数越大;当 $\theta = 0$ 时,交流数字电压表的示值达到最大值 U_{max},式(2-4-4)式可整理为

$$B = \frac{U_{max}}{NS\omega} \qquad (2-4-5)$$

测量时,把探测线圈放在待测点(见图 2-4-2),用手不断转动它的方位,直到数字电压表的示值达到最大为止,把所得读数 U_{max} 代入式(2-4-5)式就可算出该点的磁场值。

B 的方向本来可以根据数字电压表示值最大时探测线圈法线 e_n 的方向来确定,但这样做磁场的方向不容易定准,不如根据数字电压表读数为最小(理论值为零)时来判断,这是因为数字电压表读数为最小时探测线圈的 e_n 与磁场的方向是垂直的。

2. 载流圆线圈和亥姆霍兹线圈的磁场

1)载流圆线圈的磁场

设有一个半径为 R 的线圈,对其通以电流,如图 2-4-2 所示。根据毕奥—萨伐尔定律,可计算圆形电流轴线上各点的磁感应强度 B,它是一个非均匀磁场,其方向沿轴线方向,其量值为

$$B = \frac{\mu_0 N_0 R^2 I}{2(R^2 + x^2)^{\frac{2}{3}}} \qquad (2-4-6)$$

式中,N_0 是圆线圈的匝数,R 为圆线圈的平均半径,I 为线圈中的电流(本实验中应以有效值代入),x 为轴线上观测点离圆线圈中心 O 的距离,$\mu_0 = 4\pi \times 10^{-7}$ H/m 为真空磁导率。以上各量均采用国际单位。

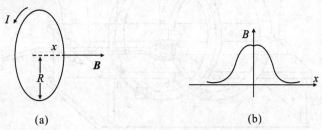

| (a) | (b) |

图 2-4-2 单个线圈轴线上磁场

2)亥姆霍兹线圈的磁场

理论计算表明,如果有一对相同的载流圆线圈彼此平行且共轴,通以同方向的电流 I,当线圈间距等于线圈半径时则两个载流线圈的总磁场在轴的中点附近的较大范围内是均匀的,这对线圈称为亥姆霍兹线圈,如图 2-4-3(a)所示;轴上磁场分布的示意图如图 2-4-3(b)所示,它在科学实验中应用较广泛,尤其是当所需的均匀磁场不太强时,亥姆霍兹线圈能较容易地提供范围较大而又相当均匀的磁场。

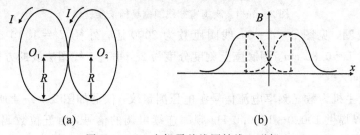

| (a) | (b) |

图 2-4-3 亥姆霍兹线圈轴线上磁场

【实验内容】

1. 仪器描述

磁场描绘实验仪由圆形电流线圈(2个)、实验平台、探测线圈和数显频率电流信号源电压测量仪组成。

① 圆形电流线圈,线圈匝数 $N_0=100$ 匝,线圈平均半径 $R=10.0$ cm,见图 2-4-4,两个完全相同的线圈 A 和 B 平行共轴地装在实验平台上,平台上有 1 cm 间距的方格,以利实验测量。圆形电流线圈在实验平台上的间距可以调节,典型实验间距为 5.00 cm、10.0 cm 和 20.0 cm。线圈可单独通电,也可串联接通。

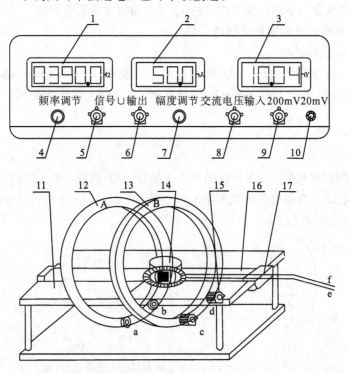

1—信号源输出频率指示;2—信号源输出交流电流指示即圆线圈励磁电流指示;3—交流电压指示;4—输出频率调节;5—信号输出接线柱;6—信号输出接线柱;7—输出电流调节;8—交流信号输入接线柱;9—交流信号输入接线柱;10—输入量程选择开关;11—实验装置透明有机玻璃平台,上刻有 10×10 mm 方格线;12—圆线圈 A,平均直径为 200 mm,线圈匝数为 100 匝;13—圆线圈 B,平均直径为 200 mm,线圈匝数为 100 匝;14—探测线圈,匝数为 2000 匝;15—圆线圈电流输入接线柱,有红、黑,注意接入电流方向;16—探测线圈定位尺;17—Y轴方向调节固定装置

图 2-4-4 亥姆霍兹线圈磁场描绘实验仪

② 探测线圈,见图 2-4-5,线圈匝数为 2000 匝,外径 $d_0=1.10$ cm,内径 $d_i=0.40$ cm,长度 $L=0.80$ cm。圆底座上刻度分度为 2°,垂直于线圈法线的方向为 90°,以便测出磁场的方向。

③ 实验仪主机为数显频率电流信号源电压测量仪,仪器如图 2-4-4 所示,仪器左部为信号源:可以提供 100.0~1000.0 Hz 频率连续可调的信号,由五位数码管显示信号频率;中间为可提供圆线圈 1.0~150.0 mA 连续可调的正弦交流电信号,三位半交流数字电

流表显示信号源输出给线圈的电流，以产生交变磁场；右部为交流数字电压表，具有两个量程，分别为 20 mV 和 200 mV，测量探测线圈的输出。

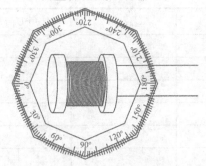

图 2-4-5　探测线圈

应用上述三个数字表，可以在实验中随时观测信号源的输出和探测线圈的电压，以利于实验者对实验的深入研究。其测量的不确定度对于 5～15 mV 这区间来说为 ≤±1%；对于全程来说为 ≤±2%。

2. 实验步骤

(1) 分别测量两个单个圆线圈 A 和 B 通电流时沿轴线方向的磁场分布。按矢量叠加原理算出合磁场。实验线路接线参考：以单独测量通电线圈 A 的磁场分布为例，a 接 5、b 接 6、e 接 8、f 接 9（具体情况按接线柱颜色注意接入电流方向）。交流信号源频率调节为 390 Hz，以避开 50 Hz 电源对交流电压表读数的影响；线圈电流调节输出时需缓慢，是因为电位器调节过程中的噪音影响输出电流表的读数，因此需调节后稍作停顿，待数字稳定后再少量调节，直到输出电流为 50.0 mA。

(2) 将两个圆线圈 A 和 B 串联起来，仍通以相同电流，测量沿轴线上各点的磁场分布。将此结果与上面分别测得的单个线圈通电时的磁场叠加后的结果加以比较，验证磁感应强度的大小和方向是否符合矢量叠加原理。两个线圈间距不同时线圈电感量发生变化，故输出电流会变化。实验中，移动线圈位置时需留心电流表的读数是否发生变化，及时调整线圈电流为 50.0mA。

(3) 测量亥姆霍兹线圈轴线附近的磁场分布情况。除已测得的轴上各点的磁场外，再在轴线中点附近两侧各测出若干点（4～8 点）的磁场感应强度的大小和方向。将所有数据进行比较，可粗略了解亥姆霍兹线圈轴线附近一定区域内磁场的均匀情况。

【数据处理】

(1) 圆线圈磁场分布和磁场叠加原理测量。

实验平台中心线的中点为 X 轴和 Y 轴原点。U_A 为仅线圈 A 通以电流 50.0 mA 测得的电压；U_B 为仅线圈 B 通以电流 50.0 mA 测得的电压；(U_A+U_B) 为仅线圈 A 通以电流测得的电压与仅线圈 B 通以电流测得的电压之和；$U_{(A+B)}$ 为线圈 A 和线圈 B 串联通以电流 50.0mA 测得的电压。

线圈 A 放置于 $X=-5.0$ cm 处，线圈 B 放置于 $X=5.0$ cm 处，实验测量轴线上从 -11～$+11$ cm 处各点的电压，将测得的数据填入表 2-4-1 中。

(2) 用坐标纸按表 2-4-1 中的数据作 $U_{(A+B)}-X$ 分布图。

(3) 实验测量在 $X(-2,+2)$，$Y(-2,+2)$ 区域内的磁场。线圈 A 和线圈 B 同向串联，通以电流 50.0 mA，测量 $U_{(A+B)}$ 电压，将测量值填入表 $2-4-2$ 中。

表 $2-4-1$ 各点电压测量数据

X/cm	U_A/mV	U_B/mV	(U_A+U_B)/mV	$U_{(A+B)}$/mV
-11				
-10				
-9				
-8				
-7				
-6				
-5				
-4				
-3				
-2				
-1				
0				
1				
2				
3				
4				
5				
6				
7				
8				
9				
10				
11				

表 $2-4-2$ 测量 $U_{(A+B)}$ 电压数据

$U_{(A+B)}$/mV	X/cm				
Y/cm	-2	-1	0	1	2
-2					
-1					
0					
1					
2					

(4) 选做内容(测量范围和数据表格可自己拟订)。

① 不同间距圆线圈组成亥姆霍兹线圈磁场特性的测量：

$U_{d=R}$ 为线圈 A 放置于 $X=-5.0$ cm，线圈 B 放置于 $X=5.0$ cm，线圈 A 和 B 串接，通以电流 50.0 mA，探测线圈测得的交流电压。

$U_{d=2R}$ 为线圈 A 放置于 $X=-10.0$ cm，线圈 B 放置于 $X=10.0$ cm，线圈 A 和 B 串接，通以电流 50.0 mA，探测线圈测得的交流电压。

$U_{d=R/2}$ 为线圈 A 放置于 $X=-2.5$ cm，线圈 B 放置于 $X=2.5$ cm，线圈 A 和 B 串接，通以电流 50.0 mA，探测线圈测得的交流电压。

② 测量圆线圈轴线外的磁场。仅圆线圈 A 通以电流 50 mA，圆线圈 A 的中心为 X、Y 轴的原点。

思 考 题

1. 电磁感应法测量磁场的原理是什么？本实验测磁感应强度的计算公式是什么？
2. 亥姆霍兹线圈是怎样组成的？其基本条件是什么？它的磁场特点是什么？

实验 2−5　铁磁材料的磁滞回线和基本磁化曲线

【实验目的】

（1）认识铁磁物质的磁化规律，比较两种典型的铁磁物质的动态磁化特性。

（2）测定样品的基本磁化曲线，作 $\mu - H$ 曲线。

（3）测定样品的 H_c、B_r、H_m 和 B_m 等参数。

（4）测绘样品的磁滞回线，估算其磁滞损耗。

【实验器材】

磁滞回线实验仪、磁滞回线测试仪、示波器。

【实验原理】

1. 铁磁材料的磁滞特性

铁磁物质是一种性能特异，用途广泛的材料。其特性之一是在外磁场作用下能被强烈磁化，故磁导率 $\mu = B/H$ 很高；另一特征是磁滞，即磁场作用停止后，铁磁物质仍保留磁化状态。图 2−5−1 为铁磁物质的磁感应强度 B 与磁场强度 H 之间的关系曲线。

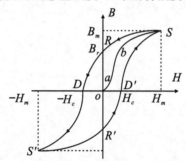

图 2−5−1　铁磁材料起始磁化曲线和磁滞回线

图 2−5−1 中的原点 o 表示磁化之前铁磁物质处于磁中性状态，即 $B=H=0$，当磁场强度 H 从零开始增加时，磁感应强度 B 随之从零缓慢上升，如曲线 oa 所示，继之 B 随 H 迅速增长，如曲线 ab 所示，其后 B 的增长又趋缓慢，并当 H 增至 H_m 时，B 达到饱和值 B_m，这个过程的 $oabS$ 曲线称为起始磁化曲线。图 2−5−1 表明，当磁场从 H_m 逐渐减小至零，磁感应强度 B 并不沿起始磁化曲线恢复到"o"点，而是沿另一条新的曲线 SR 下降。比较线段 OS 和 SR 可知，H 减小 B 相应也减小，但 B 的变化滞后于 H 的变化，这种现象称为磁滞。磁滞的明显特征是当 $H=0$ 时，磁感应强度 B 值并不等于 0，而是保留一定大小的剩磁 B_r。

当磁场反向从 O 逐渐变至 $-H_c$ 时，磁感应强度 B 消失，说明要消除剩磁，可以施加反向磁场。H_c 称为矫顽力，它的大小反映铁磁材料保持剩磁状态的能力，曲线 RD 称为退磁曲线。

图 2−5−1 可以看出，磁感应强度 B 值的变化总是滞后于磁场强度 H 的变化，这条闭合曲线称为磁滞回线。当铁磁材料处于交变磁场中时，将沿磁滞回线反复被磁化→去磁→

反向磁化→反向去磁。磁滞是铁磁材料的重要特性之一，研究铁磁材料的磁性就必须知道它的磁滞回线。

当铁磁材料在交变磁场作用下反复磁化时将会发热，要消耗额外的能量，这种能量的损耗称为磁滞损耗。磁滞损耗与磁滞回线所围面积成正比。

应该说明，当初始状态为 $H=B=O$ 的铁磁材料在交变磁场强度由弱到强依次进行磁化时，可以得到面积由小到大向外扩张的一簇磁滞回线，如图 2-5-2 所示，这些磁滞回线顶点的连线称为铁磁材料的基本磁化曲线。

基本磁化曲线上点与原点连线的斜率称为磁导率，由此可近似确定铁磁材料的磁导率 $\mu = \dfrac{B}{H}$，它表征在给定磁场强度条件下，单位 H 所激励出的磁感应强度 B，直接表示材料磁化性能的强弱。从磁化曲线上可以看出，因 B 与 H 非线性，铁磁材料的磁导率 μ 不是常数，而是随 H 而变化。

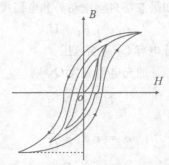

图 2-5-2　同一铁磁材料的一簇磁滞回线

2. 示波器测绘磁滞回线原理

观察和测量磁滞回线和基本磁化曲线的线路如图 2-5-3 所示。

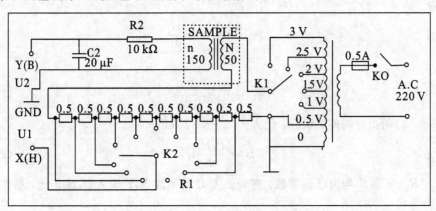

图 2-5-3　示波器观察磁滞回线实验线路

待测样品为 EI 型矽钢片，N 为励磁绕组，n 为用来测量磁感应强度 B 而设置的绕组。R_1 为励磁电流取样电阻。设通过 N 的交流励磁电流为 i，根据安培环路定律，样品的磁场强度为

$$H = \frac{N}{LR_1} \cdot U_1 \tag{2-5-1}$$

式中，N、L、R_1 均为已知常数，磁场强度 H 与示波器 X 输入 U_1 成正比，所以由 U_1 可确定 H。

在交变磁场下，样品的磁感应强度瞬时值 B 是由测量绕组 n 和 R_2C_2 电路确定的。根据法拉第电磁感应定律，由于样品中磁通 φ 的变化，故在测量线圈中产生的感应电动势的大小为

$$\varepsilon_2 = n\frac{\mathrm{d}\varphi}{\mathrm{d}t}$$

$$\varphi = \frac{1}{n}\int\varepsilon_2\,\mathrm{d}t$$

$$B = \frac{\varphi}{S} = \frac{1}{nS}\int\varepsilon_2\,\mathrm{d}t \tag{2-5-2}$$

式中，S 为样品的横截面积。

考虑到测量绕组 n 较小，如果忽略自感电动势和电路损耗，则回路方程为

$$\varepsilon_2 = i_2R_2 + U_2$$

式中，i_2 为感应电流，U_2 为积分电容 C_2 两端电压。

设在 Δt 时间内，i_2 向电容 C_2 的充电电量为 Q，则

$$U_2 = \frac{Q}{C_2}$$

$$\varepsilon_2 = i_2R_2 + \frac{Q}{C_2}$$

如果选取足够大的 R_2 和 C_2，使得 $i_2R_2 \gg \dfrac{Q}{C_2}$，则上式可以近似改写为

$$\varepsilon_2 = i_2R_2$$

因为

$$i_2 = \frac{\mathrm{d}Q}{\mathrm{d}t} = C_2\frac{\mathrm{d}U_2}{\mathrm{d}t}$$

所以

$$\varepsilon_2 = C_2R_2\frac{\mathrm{d}U_2}{\mathrm{d}t} \tag{2-5-3}$$

将式(2-5-3)两边对时间 t 积分，代入式(2-5-2)可得

$$B = \frac{C_2R_2}{nS}U_2 \tag{2-5-4}$$

式中，C_2、R_2、n 和 S 均为已知常数。磁场强度 B 与示波器 Y 输入 U_2 成正比，所以由 U_2 可确定 B。

在交流磁化电流变化的一个周期内，示波器的荧光屏上可以看到稳定的磁滞回线。将图 2-5-3 中的 U_1 和 U_2 分别加到示波器的"X 输入"和"Y 输入"便可观察样品的 B-H 曲线；如将 U_1 和 U_2 加到测试仪的信号输入端可测定样品的饱和磁感应强度 B_m、剩磁 B_r、矫顽力 H_c、磁滞损耗[BH]以及磁导率 μ 等参数。

【实验内容】

(1) 电路连接：选样品 1 按实验仪上所给的电路图连接线路，并令 $R_1 = 2.5\ \Omega$，"U 选择"置

于 O 位。U_H 和 U_B（即 U_1 和 U_2）分别接示波器的"X 输入"和"Y 输入"，插孔⊥为公共端。

（2）样品退磁：开启实验仪电源，对试样进行退磁，即顺时针方向转动"U 选择"旋钮，令 U 从 0 增至 3 V，然后逆时针方向转动旋钮，将 U 从最大值降为 0，其目的是消除剩磁，确保样品处于磁中性状态，即 $B=H=0$，如图 2-5-4 所示。

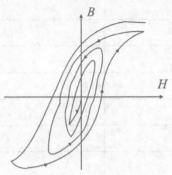

图 2-5-4　退磁示意图

（3）观察磁滞回线：开启示波器电源，调节示波器，令光点位于荧光屏坐标网格中心，令 $U=2.2$ V，并分别调节示波器 X 和 Y 轴的灵敏度，使荧光屏上出现图形大小合适的磁滞回线（若图形顶部出现编织状的小环，如图 2-5-5 所示，这时可降低励磁电压 U 予以消除）。

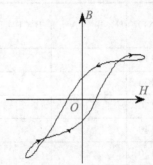

图 2-5-5　U_2 和 B 的相位差等因素引起的畸变

（4）观察基本磁化曲线，按步骤（2）对样品进行退磁，从 $U=0$ 开始，逐挡提高励磁电压，将在荧光屏上得到面积由小到大一个套一个的一簇磁滞回线。这些磁滞回线顶点的连线就是样品的基本磁化曲线，借助长余辉示波器便可观察到该曲线的轨迹。

（5）测绘 μ-H 曲线：连接实验仪和测试仪之间的信号连线。开启电源，对样品进行退磁后，依次测定 $U=0.5、1.0、\cdots、5.0$ V 时的十组 H_m 和 B_m 值，填入表 2-5-1 中，并作 μ-H 曲线。

（6）令 $U=2.0$ V，$R_1=2.5$ Ω，测定样品 1 的 H_C、B_r、H_m、B_m 和［BH］等参数，并把数据填入表 2-5-2 中。

（7）取步骤（6）中的 H 和相应的 B 值，用坐标纸绘制 B-H 曲线（如何取数？取多少组数据？自行考虑），并估算曲线所围的面积。

（注：$N=50$ 匝；$n=150$ 匝；$L=60$ mm；$C_2=20$ μF；$R_2=10$ kΩ；$S=80$ mm² 。）

表 2 − 5 − 1 基本磁化曲线与 $\mu - H$ 曲线

U/V	$H\times10^3/(A/m)$	$B\times10/T$	$\mu=B/H/(H/m)$

表 2 − 5 − 2 $B - H$ 曲线

$H_c=$ $B_r=$ $H_m=$ $B_m=$ $[BH]=$

NO	$H\times10^3/(A/m)$	$B\times10/T$	NO	$H\times10^3/(A/m)$	$B\times10/T$	NO	$H\times10^3/(A/m)$	$B\times10/T$
10			110			210		
20			120			220		
30			130			230		
40			140			240		
50			150			250		
60			160			260		
70			170			270		
80			180			280		
90			190			290		
100			200			300		

注：记录的数据在采样点中，每隔 10 个点取一个点记录下数据。

思 考 题

1. 为什么有时磁滞回线图形顶部出现编织状的小环？如何消除？

2. 在绘制磁滞回线和基本磁化曲线时，为何要先退磁？若不退磁会对测绘结果有何影响？

实验 2-6　电子束的电子荷质比的测定

【实验目的】

(1) 研究电子束在纵向磁场作用的螺旋运动，测量电子荷质比。

(2) 本实验采用的是磁聚焦法(亦称螺旋聚焦法)测量电子荷质比。

【实验器材】

电子束实验仪、示波管。

【实验原理】

具有速度 v 的电子进入磁场中要受到磁力的作用，此力为

$$f_m = ev \times B$$

若速度 v 与磁感应强度 $\boldsymbol{B}$ 的夹角不是 $\pi/2$，则可把电子的速度分为两部分考虑。设与 $\boldsymbol{B}$ 平行的分速度为 $v_{/\!/}$ 与 $\boldsymbol{B}$ 垂直的分速度为 $v_{\perp}$，则受磁场作用力的大小取决于 $v_{\perp}$，此时力的数值为 $f_m = ev_{\perp} B$。力的方向既垂直于 $v_{\perp}$，也垂直于 $\boldsymbol{B}$。在此力的作用下，电子在垂直于 $\boldsymbol{B}$ 的面上的运动投影为一个圆运动，由牛顿定律得

$$ev_{\perp} B = \frac{m}{R} V_{\perp}^2$$

电子绕一圈的周期

$$T = \frac{2\pi R}{V_{\perp}} = 2\pi \frac{m}{eB}$$

从式中可知，只要 $\boldsymbol{B}$ 一定，则电子绕行周期一定，而与 $v_{\perp}$ 和 R 无关。

绕行角速度为

$$\omega = \frac{v_{\perp}}{R} = \frac{eB}{m}$$

另外，电子与 $\boldsymbol{B}$ 平行的分速度 $v_{/\!/}$ 则不受磁场的影响。在一个周期内，粒子应沿磁场 $\boldsymbol{B}$ 的方向(或其反向)做匀速直线运动。当两个分量同时存在时，粒子的轨迹将成为一条螺旋线，如图 2-6-1 所示，其螺距 d(即电子每回转一周时前进的距离)为

$$d = v_{/\!/} T = \frac{2\pi m v_{/\!/}}{eB}$$

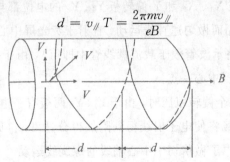

图 2-6-1　电子运动分析图

螺距 d 与垂直速度 $v_\perp$ 无关。

从螺距公式得到

$$\frac{e}{m} = \frac{2\pi v_{//}}{Bd}$$

只要测得 $v_{//}$、d 和 $\boldsymbol{B}$，就可计算出 e/m 的值。

1. 平行速度 $v_{//}$ 的确定

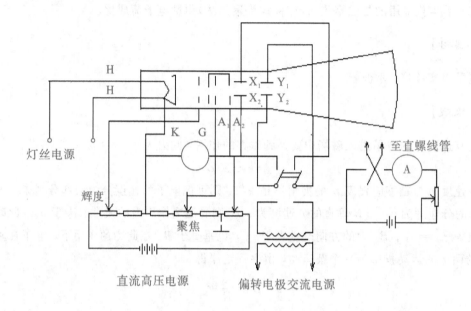

图 2-6-2 静电型电子射线示波管

如果我们采用如图 2-6-2 所示的静电型电子射线示波管，则可由电子枪得到水平方向的电子束射线，电子射线的水平速度可由公式

$$\frac{1}{2}mv_{//}^2 = e(U_{A_2} - U_K)$$

求得

$$v_{//} = \sqrt{\frac{2e(U_{A_2} - U_K)}{m}}$$

2. 螺距 d 的确定

如果我们使 X 偏转板 X_1、X_2 和 Y 偏转板 Y_1、Y_2 的电位都与 A_2 相同，则电子射线通过 A_2 后将不受电场力作用而做匀速直线运动，直射于荧光屏中心一点，此时，即使加上沿示波管轴线方向的磁场（将示波管放于载流螺线管中即可），由于磁场和电子速度平行，射线亦不受磁力，故仍射于屏中心一点。

当在 Y_1、Y_2 板上加一个偏转电压时，由于 Y_1、Y_2 两板有了电位差，故必产生垂直于电子射线方向的电场，此电场将使电子射线得到附加得分速度 v_1（原有电子枪射出的电子的 $v_{//}$ 不变）。此分速度将使电子做傍切于中心轴线的螺旋线运动。

当 $\boldsymbol{B}$ 一定时电子绕行角速度恒定，因而分速度愈大者绕行螺旋线半径愈大，但绕行一个螺距的时间(即周期 T)是相同的。如果在偏转板 Y_1、Y_2 上加交变电压,则在正半周期内(Y_1 正 Y_2 负)先后通过此两极间的电子,将分别得到大小相同的向上的分速度,如图 2-6-3(b)右半部所示,分别在轴线右侧做旁切于轴的不同半径的螺旋运动,荧光屏上出现的仍是一条直线,理由如图 2-6-3(a)所示。

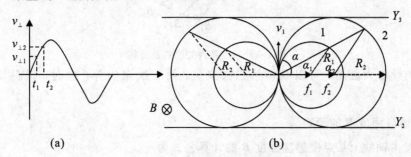

图 2-6-3　螺旋线运动分析图

假设正半周 Y_1 为正,Y_2 为负。在 t_0 时刻,$v=0$,$v_1=0$,电子不受洛仑兹力作用。t_1 时刻,$v_\perp=v_{\perp 1}$,电子受的洛仑兹力为 f_1,在轴线右侧做半径为 R_3 的螺旋运动,$R_1=\dfrac{mv_{\perp 1}}{eB}$。在 t_2 时刻,$v_1=v_{\perp 2}$,电子受的洛仑兹力为 f_2,在轴线右侧做半径为 R_2 的螺旋运动,$R_2=\dfrac{mv_{\perp 2}}{eB}$。所以整个正半周期不同时刻发出的电子将在轴线右侧做不同半径的螺旋运动,而在负半周电子将在轴线左侧做不同半径的螺旋运动。但由于 $\omega=\dfrac{v_\perp}{R}=\dfrac{eB}{m}$,角速度与 $v_\perp$ 无关,只要保持 $\boldsymbol{B}$ 不变,不同时刻从"0"点发出的电子做螺旋运动的角速度均相同。

设从 Y 偏转板(记为 0 点)到荧光屏的距离为 L',由于 $v_{/\!/}$ 不变,所以不同时刻从"0"发出的电子到达屏所用的时间均为 $T_0=\dfrac{L'}{v_{/\!/}}$。故不同时刻从"0"点发出的电子,从射出到打在荧光屏上,从螺旋运动的分运动来说,绕过的圆心角均相同,即图 2-6-3(b)中的 $\alpha_1=\alpha_2=wT_0$,所以在图 2-6-3(b)中,亮点"1"与亮点"2"都在过轴线的直线上,只是亮点"1"比亮点"2"早到(t_2-t_1)这么一段时间。由于余辉时间,故在"2"点到来之前,"1"点并未消失。同理,其他时刻从"0"点发出的电子,打到荧光屏上的亮点也都与"1"、"2"点打在同一直线上。这样,在一个交变电压周期时间内,使电子打在荧光屏上的轨迹成为一条亮线,下一个周期重复,仍为一条亮线。各周期形成的亮线重叠成为一条不灭的亮线。

增加 $\boldsymbol{B}$ 时,由 $R=\dfrac{mv_\perp}{eB}$、$\omega=\dfrac{v_\perp}{R}=\dfrac{eB}{m}$,在交变电压振幅不变的情况下,螺旋运动的半径减小,因此亮线缩短,同时由于 ω 增加,在从"0"点发出的电子到达荧光屏这段时间内,绕过的圆周角增大,所以亮线在缩短的同时还旋转,如图 2-6-4 所示。我们总可以改变 $\boldsymbol{B}$ 的大小,即改变 ω,使得在 T_0 这段时间内,绕过的圆周角刚好为 2π,即圆周运动刚好绕一周。这样,电子从"0"发出,做了一周的螺旋运动,又回到轴线上,只是向前一个螺距 d。这时荧光屏上将显示一个亮点,这就是所谓的一次聚焦。一次聚焦时,螺距 d 在数值上等于示波管内偏转电极到荧光屏的距离 L'，这就是螺距 d 的测量方法。

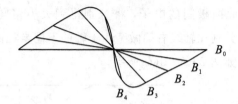

图 2-6-4　亮线的缩短及旋转

如果继续增大磁场，可以获得第二次聚焦、第三次聚焦等，这时，螺距 $d = L'/2$、$L'/3$、$\cdots$。

3. 磁感应强度 B 的确定

螺线管内轴线上某点磁感应强度 B 的计算公式为

$$B = \frac{U_0}{2}nI(\cos\beta_2 - \cos\beta_1)$$

式中，U_0 为真空中磁导率；n 为螺线管单位长度的匝数；I 为励磁电流；β_1、β_2 是从该点到线圈两端的连线与轴的夹角。

若螺线管的长为 L、直径为 D，则距轴线中点 0 为 x 的某点（见图 2-6-5）的 B 可表示为

$$B = \frac{U_0}{2}nI\left[\frac{\frac{L}{2}-x}{\sqrt{\left(\frac{D}{2}\right)^2 + \left(\frac{L}{2}-x\right)^2}} + \frac{\frac{L}{2}+x}{\sqrt{\left(\frac{D}{2}\right)^2 + \left(\frac{L}{2}+x\right)^2}}\right]$$

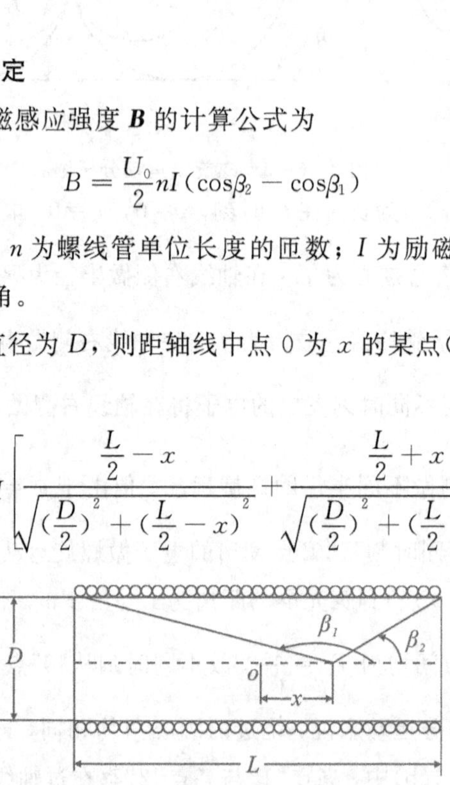

图 2-6-5　某点 B 的分析图

显然，B 是 x 的非线性函数，若 L 足够大，且使用中间一段时，则可近似认为是均匀磁场，于是

$$B = U_0 nI$$

若 L 不是足够大，且实验中仅使用中间一段，则可以引入一个修正系数 K，即

$$C\overline{K} = \frac{1}{2X_0}\sqrt{\left(\frac{D}{2}\right)^2 + \left(\frac{L}{2}+X_0\right)^2} - \sqrt{\left(\frac{D}{2}\right)^2 + \left(\frac{L}{2}+X\right)^2}\,]$$

$$\overline{B} = \overline{K}\mu_0 nI$$

式中，$\mu_0 = 4\pi \times 10^{-7}\,\text{N/A}^2$；$K = 0.98$。

LB-EB3 型电子束实验仪控制面板如图 2-6-6 所示。

利用电压指示选择挡，可以实时通过示波管电压显示窗口观察记录相应的电压值，并

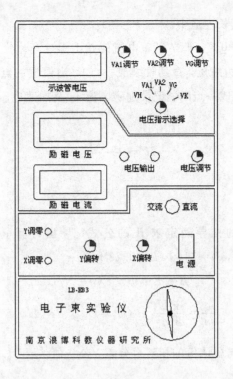

图 2-6-6 LB-EB3 型电子束实验仪控制面板

可通过三个电压调节旋钮随时调节相应的电压值。

电压输出用于给螺线管供电，其连接极性为：红—红，黑—黑。同时通过电压调节旋钮对其电压进行调解。

X、Y 调零已经完成，一般不做改变。交直流开关用于直流和交流的切换，X、Y 偏转用于调整光斑位置。罗盘用于定位。

【实验内容】

为了能观察到电子在外磁场中的回旋现象，可以采用下述实验方法：

首先通过静电聚焦（调节示波管的第一阳极和第二阳极的电位值，可达到这一目的）作用，使从阴极 K 发射出的电子束聚焦在示波管屏上；然后在 Y（垂直）偏转极上加一个适当的交变电压，使电子束在示波管屏幕的 Y 方向上扫描成一段线光迹，最后加上轴向磁场，使电子在示波管所在的空间内做螺线运动。因此，当轴向外磁场从零逐渐增强时，荧光屏上的直线光迹将一边旋转一边缩短，直到使得电子的螺旋形运动轨迹的螺距正好等于垂直偏转极中心智荧光屏的距离 L' 时，电子束将被轴向外磁场再次聚焦成一个光点。这样，根据这时的 U_{A_1}、B 和 L' 的值，求得 e/m 的值。

（1）先断开电源，安装好纵向磁感线圈，注意接线极性。（红—红，黑—黑）

（2）打开电源，置直流电源挡，调节聚焦、X 轴位移、Y 轴位移，使荧光屏中心出现一亮点。

（3）置交流电源挡，给垂直偏转极加上 6.3 V 交流电压（已固定），使荧光屏上出现一条亮线,调整 Y 偏转使其长度适中。

(4)接通螺线管励磁电流,调节励磁电流使其由零逐渐增大,观察荧光屏亮线的变化(屏上的直线段将边旋转边缩短,直到收缩成一点)。当聚成一点时,记录励磁电流 I_1。继续增大电流,当第二次聚成一点时,记录励磁电流 I_2 及加速电压 U_{A_1}。求相当于一次聚焦时的励磁电流

$$I = \frac{I_1 + I_2}{1 + 2}$$

【数据处理】

(1)根据原理部分的推导确定求 $\boldsymbol{B}$ 的公式,导出计算 e/m 的公式,并计算其值($L' = 0.138 \ \text{m}$,$K = 0.79$,$N = 1160$,$L = 0.23 \ \text{m}$)。

$$\boldsymbol{B} = K\mu_0 nI \qquad (n = N/L)$$

$$\frac{e}{m} = \frac{8\pi^2 U_2}{\boldsymbol{B}^2 d^2} \qquad (U_2 = U_{A_1}, \ d = L')$$

(2)求出 $\dfrac{e}{m}$ 测量值与公认值的相对百分差,公认值 $\dfrac{e}{m} = 1.759 \times 10^{11} \ \text{c/kg}$。

(3)为消除地磁场的影响,可将螺线管按东西方向放置,或改变励磁电流方向测两次取平均值。

(4)为消除某些随机因素的影响,可改变 U_{A_1} 重复测量几次,取平均值。

实验 2－7　用牛顿环测透镜的曲率半径(显微镜法)

【实验目的】

(1)掌握牛顿环等厚干涉的原理和特点。

(2)掌握用牛顿环测平凸透镜曲率半径的方法。

(3)学会读数显微镜的调节和使用方法。

【实验器材】

牛顿环仪、读数显微镜、钠光灯。

【实验原理】

利用透明薄膜上、下两表面对入射光束的依次反射,将入射光的振幅分解成有一定光程差的几个部分,从而可获得相干光。如果入射光束为平行光,则相干光束间的光程差仅取决于薄膜的厚度,同一级干涉条纹对应的薄膜厚度相同,这就是所谓的等厚干涉。等厚干涉条纹的形状决定于薄膜上厚度相同的地方的轨迹。

牛顿环仪是用来产生等厚干涉条纹的一种装置。

如图 2－7－1 所示,将一块曲率半径 R 很大的平凸透镜 A 的凸面置于一个光学平玻璃板 B 上,则透镜凸面和平玻璃板之间就形成了一层空气薄膜,其厚度从中心接触点 O 到边缘逐渐增加,等厚膜的轨迹是以接触点为中心的圆,且同一半径处薄膜厚度相等,这些圆称为牛顿环,如图 2－7－2 所示。

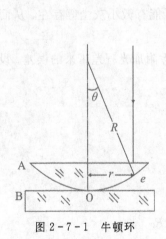

图 2－7－1　牛顿环

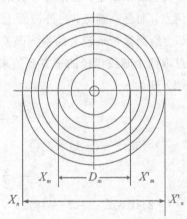

图 2－7－2　牛顿环干涉图样

当波长为 λ 的一束单色光垂直入射到薄膜上时,由厚度为 e 的空气膜上下两表面反射的光所产生的光程差为

$$\delta = 2e + \frac{\lambda}{2} \tag{2-7-1}$$

式中,$\lambda/2$ 是光从平板玻璃表面反射时所产生的半波损失。

设空气膜厚度为 e 的各点离接触点 O 的距离为 r，则由图 $2-7-1$ 的几何关系可得

$$R^2 = r^2 + (R - e)^2$$

化简，同时略去 e^2 项（因 $e \ll R$），得

$$e = \frac{r^2}{2R} \qquad\qquad (2-7-2)$$

将式（$2-7-2$）代入式（$2-7-1$），得

$$\delta = \frac{r^2}{R} + \frac{\lambda}{2} \qquad\qquad (2-7-3)$$

当

$$\delta = (2k+1)\frac{\lambda}{2} \qquad k = 0, 1, 2, \cdots \qquad (2-7-4)$$

时，发生相消干涉，产生暗条纹。

当

$$\delta = k\lambda \qquad k = 1, 2, \cdots \qquad (2-7-5)$$

时产生明条纹。显然，它们的干涉条纹是以接触点为中心的一系列明暗相间的同心圆环，如图 $2-7-2$ 所示，这种干涉现象最早由牛顿发现，故称为牛顿环。由式（$2-7-3$）和式（$2-7-4$）可得暗纹的半径为

$$r_k = \sqrt{kR\lambda} \qquad k = 0, 1, 2, \cdots \qquad (2-7-6)$$

式中，k 为干涉条纹的级数，r_k 为第 k 级暗纹的半径。

如果已知入射光的波长，并测得第 k 级暗纹的半径 r_k，则由式（$2-7-6$）即可算出透镜表面的曲率半径 R。

在观察反射光的牛顿环时将会发现，牛顿环中心不是一个几何点，而是一个边缘不太清晰的暗圆斑。其主要原因是：透镜和平玻璃板接触时，由于接触压力引起形变，使接触处不是一个几何点，而是一圆斑；另外镜面上还可能有微小灰尘等存在，从而引起附加的光程差，这些都会给测量带来较大的系统误差。

我们可通过取两个暗纹半径的平方差值来消除附加光程差带来的误差。设附加厚度为 α，则式（$2-7-1$）变为

$$\delta = 2(e \pm \alpha) + \frac{\lambda}{2} \qquad\qquad (2-7-7)$$

将式（$2-7-7$）与式（$2-7-4$）联立得

$$e = \frac{\lambda}{2}k \pm \alpha \qquad\qquad (2-7-8)$$

再将式（$2-7-2$）代入式（$2-7-8$）得

$$r^2 = kR\lambda \pm 2R\alpha$$

取第 m 级、n 级暗条纹，则对应的暗环半径的平方分别为

$$r_m^2 = mR\lambda \pm 2R\alpha$$

$$r_n^2 = nR\lambda \pm 2R\alpha$$

两式相减得

$$r_m^2 - r_n^2 = (m - n)R\lambda \qquad\qquad (2-7-9)$$

可见式（2-7-9）与附加厚度无关。

又因为测量过程中牛顿环的圆心不易确定，故用直径替换，于是有

$$D_m^2 - D_n^2 = 4(m-n)R\lambda$$

因而，透镜的曲率半径为

$$R = \frac{D_m^2 - D_n^2}{4(m-n)\lambda} \tag{2-7-10}$$

【实验内容】

（1）调节牛顿环仪上的三个螺旋，以改变透镜与平玻璃板间的距离，从而控制干涉条纹的形状和位置。调节时用眼睛观察，使干涉条纹呈圆环形，并位于透镜的中央。

注意：调节牛顿环仪时，勿使螺旋过紧，以免透镜变形或损坏。

（2）按图 2-7-3 放置仪器，并点燃钠光灯 S。从钠光灯发出的光束经玻璃片 G 反射后，垂直地照射在牛顿环仪上，然后，从牛顿环仪中的空气薄膜反射，再经玻璃片 G 射入读数显微镜 M。调节牛顿环仪的位置，使它的中央大致与显微镜的物镜对正，再调节钠光灯的高度和牛顿环仪的位置，直到在显微镜中出现足够亮的黄色视场为止。

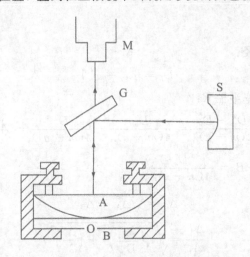

图 2-7-3 牛顿环实验装置

（3）调节读数显微镜的目镜，使看到的叉丝最为清晰。然后，转动调焦手轮，使镜筒上、下移动对干涉条纹进行调焦，以便在显微镜视场中看到尽可能清楚的明、暗相间的圆形干涉条纹——牛顿环。（显微镜的调节详见实验 1-1 中读数显微镜）

（4）测量牛顿环的直径。

调节读数显微镜的叉丝，使得其中一根叉丝与显微镜的移动方向相垂直。然后旋转测微鼓轮，使叉丝的交点由暗斑中心向右移到牛顿环的较外层，再回过头来向左越过中心暗斑移到较外层，观察整个干涉场中条纹的清晰度和左右牛顿环数是否接近，以便选择干涉条纹的测量范围。干涉条纹的多少是由透镜的曲率半径决定的，实际测量中，如果干涉条纹较多，可看到三、四十环，且第 10 环到第 30 环较清晰，则选第 11~25 和 21~25 环为测量范围。

旋转测微鼓轮，使垂直叉丝与干涉条纹相切，并数暗环个数（中心为零环），直到第 27 环，然后反向旋转测微鼓轮，当垂直叉丝对准 25 暗环中间时从读数显微镜的长标尺和测微鼓轮上读数，同时作记录，即 x_{25}，再沿同一方向旋转测微鼓轮，分别记下，x_{24}、x_{23}、x_{22}、x_{21}、x_{15}、x_{14}、x_{13}、x_{12}、x_{11}，继续同向旋转测微鼓轮使垂直叉丝越过中心暗斑直到对准第 11 暗环中间时，开始记数，依次记下读数 x'_{11}、x'_{12}、x'_{13}、x'_{14}、x'_{15}、x'_{21}、x'_{22}、x'_{23}、x'_{24}、x'_{25}，参见图 2-7-2，再按式(2-7-11)计算，即得各暗环的直径。

$$D_i = |x_i - x'_i| \tag{2-7-11}$$

注意：

① 测量过程中，读数显微镜鼓轮只能单方向转动，不许倒退。

② 在数牛顿环时，左右两边的环数不能数错。

（5）将所测数据分成两组，$m = 25$、24、23、22、21，$n = 15$、14、13、12、11，算出对应的 D_m、D_n 及 $m - n = 10$，分别代入式(2-7-10)，求出 R，再求出平均值 $\overline{R}$。

（6）（选做）将钠光灯换成水银灯，观察水银灯光照射下牛顿环的干涉图样，并与钠光灯下观察到的干涉图样进行比较，然后从理论上给予解释它们的不同。

【数据处理】

（1）计算各暗环直径：

$$D_i = |x_i - x'_i|$$

（2）计算透镜的曲率半径 R：

$$R_i = \frac{D_m^2 - D_n^2}{4(m-n)\lambda} = \frac{D_m^2}{4(m-n)\lambda} - \frac{D_n^2}{4(m-n)\lambda} = A_i - B_i$$

其中，$A_i = \dfrac{D_m^2}{4(m-n)\lambda}$，$B_i = \dfrac{D_n^2}{4(m-n)\lambda}$。

$$\Delta_{R_i} = \sqrt{\Delta_{A_i}^2 + \Delta_{B_i}^2}$$

$$\frac{\Delta_{A_i}}{A_i} = \sqrt{4\left(\frac{\Delta_{D_m}}{D_m}\right)^2 + \left(\frac{\Delta_\lambda}{\lambda}\right)^2}$$

忽略 $\dfrac{\Delta_\lambda}{\lambda}$，则

$$\Delta_{A_i} = 2\left(\frac{\Delta_{D_m}}{D_m}\right)A_i = 2 \cdot \frac{\Delta_{D_m}}{D_m} \cdot \frac{D_m^2}{4(m-n)\lambda} = \frac{D_m}{2(m-n)\lambda} \cdot \Delta_{D_m}$$

同理，

$$\Delta_{B_i} = \frac{D_n}{2(m-n)\lambda} \cdot \Delta_{Dn}$$

$$\Delta_{R_i} = \sqrt{\left[\frac{D_m}{2(m-n)\lambda}\right]^2 \cdot \Delta_{D_m}^2 + \left[\frac{D_n}{2(m-n)\lambda}\right]^2 \cdot \Delta_{D_n}^2} = \frac{\sqrt{D_m^2 + D_n^2}}{2(m-n)\lambda} \cdot \Delta_D$$

其中，$\Delta_{D_m} = \Delta_{D_n} = \Delta_D = 0.005 \text{ mm}$。

$$\overline{R} = \frac{1}{n}\sum_{i=1}^{n} R_i$$

$$\Delta_{\overline{R}} = \frac{1}{n}\sqrt{\sum_{i=1}^{n}\Delta_{R_i}^2}$$

最终结果为

$$R = \overline{R} \pm \Delta_{\overline{R}}$$

思 考 题

1. 在牛顿环实验中，如果玻璃上某处有微小凸起，则凸起处空气薄膜的厚度减小，导致等厚干涉条纹发生变化。试问这时的牛顿环将局部内凹还是外凸？为什么？

2. 从牛顿环仪透射过来的光能否形成干涉条纹？它与反射光的干涉条纹有什么不同？为什么？

实验 2-8　光栅特性及光波波长的测定

【实验目的】

(1) 进一步熟悉分光计的调节和使用。
(2) 观察衍射光谱，测定光栅常数。
(3) 学习用光栅测定光波波长的方法。

【实验器材】

分光计、透射光栅、汞灯。

【实验原理】

如图 2-8-1 所示，像这样由大量等宽等间距的平行狭缝所组成的光学元件称为衍射光栅。用于透射光衍射的叫透射光栅，用于反射光衍射的叫反射光栅。本实验使用透射式平面光栅，在透射光栅上刻有大量等宽等间距的平行刻痕，在每条刻痕处，入射光向各个方向散射，而不易透过，两刻痕之间的光滑部分可以透光，与缝相当。缝的宽度 a 和刻痕的宽度 b 之和即 $a+b$，称为光栅常数。当一束平行单色光垂直照射在光栅上时透射光经透镜 L 会聚后，将在屏幕 E 上呈现各级衍射条纹。通过光栅中每一个狭缝的光波都产生衍射，并且各个狭缝所发出的光波之间又彼此干涉，因此光栅衍射条纹是衍射和干涉的总效果。

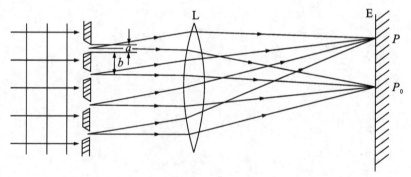

图 2-8-1　光栅结构图

根据夫琅和费衍射理论，当平行光垂直入射到光栅平面上时，衍射条纹中央主极大明条纹的位置由式(2-8-1)决定。

$$(a+b)\sin\varphi = \pm K\lambda, \quad K = 0, 1, 2, \cdots \tag{2-8-1}$$

式中：$a+b$ 为光栅常数；λ 为光波波长；K 为明条纹的极数；φ 为波长为 λ 的第 K 级明条纹的衍射角。

如果入射光不是单色光，则由式(2-8-1)可知，当 $a+b$ 与 K 一定时，λ 不同则 φ 也不同，于是复色光将被分解，除了在中央 $K=0$，$\varphi=0$ 处各色光仍重叠在一起组成中央明纹外，在其两侧则对称地分布着各级光谱。各级谱线都按波长由小到大依次排列，形成一组彩色谱线。如图 2-8-2 所示为水银灯的光谱示意图。测出各种波长谱线的衍射角 φ 和光栅常数 $a+b$，则可由式（2-8-1）可算出对应的波长 λ。

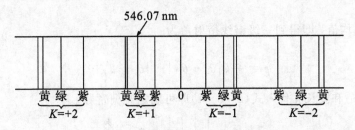

图 2-8-2　水银灯的光谱示意图

【实验内容】

1. 测定光栅常数

（1）调节分光计。

实验是在分光计上进行的，因此对分光计的调整要求做到：平行光管产生平行光，其光轴垂直仪器转轴；望远镜聚焦于无穷远（具体调节方法见实验 1-4）。这时，通过望远镜可以直接由平行光管观察到狭缝的像。

（2）调节光栅。

要求光栅刻痕所在的平面及刻痕线与转轴平行，首先将望远镜叉丝对准狭缝，固定住望远镜。然后将光栅按图 2-8-3 放置在载物台上，尽可能做到使光栅 M 的平面垂直平分螺丝 B_1 和 B_2 的连线。打开望远镜上的照明灯照亮叉丝，转动载物平台并调节 B_1、B_2 直到望远镜中从光栅平面反射回来的叉丝像和叉丝重合。至此光栅平面与仪器转轴平行，并且垂直于平行光管，随即固定载物台。接着，转动望远镜，观察望远镜叉丝交点在不在各条谱线的中央，依此判断中央明纹两侧的衍射光谱是否在同一水平面内，如果不在，可调节图 2-8-3 中的螺丝 B_3 使光谱线达到同一高度。这时，光栅的刻痕线与转轴平行，反复调节，达到满足要求为止。

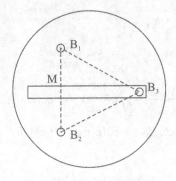

图 2-8-3　光栅调节图

（3）以汞灯为光源，测出波长为 546.07 nm 的绿光一级衍射角 φ_1。

如图 2-8-4 所示，因为衍射光谱对中央明纹是对称的，所以，为了提高测量准确度，

测量第一级谱线时应测出 $K=-1$ 级和 $K=+1$ 级谱线的位置,两个位置角坐标差值的一半 $\dfrac{|\theta_1-\theta'_1|}{2}$ 等于 φ_1。为了消除分光计刻度盘的偏心误差,测量每一条谱线位置时,应同时记下刻度上两边的游标读数,如 θ_1 和 θ_2、θ'_1 和 θ'_2,然后将两边读数结果 $\dfrac{|\theta_1-\theta'_1|}{2}$ 和 $\dfrac{|\theta_2-\theta'_2|}{2}$ 取平均值,即得到一级谱线衍射角为

$$\varphi=\frac{1}{4}(|\theta_1-\theta'_1|+|\theta_2-\theta'_2|) \tag{2-8-2}$$

最后,将 φ_1 和波长 λ 代入式(2-8-1)即可确定光栅常数。

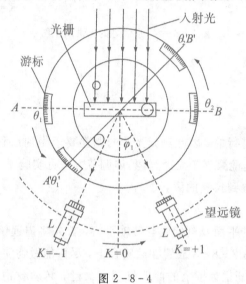

图 2-8-4

2. 测定未知光波波长

确定了光栅常数以后,可用与上面同样的测量方法测出汞光中其他谱线的某级衍射角 φ_K,代入式(2-8-1)便可求出该光波的波长 λ。

【数据处理】

(1)计算光栅常数及不确定度:

$$a+b=\frac{K\lambda}{\sin\varphi}$$

$$\frac{\Delta_{(a+b)}}{a+b}=\sqrt{\left(\frac{\Delta_{\sin\varphi}}{\sin\varphi}\right)^2}=\cot\varphi\cdot\Delta_\varphi$$

$$\Delta_{(a+b)}=\cot\varphi\cdot\Delta_\varphi\cdot(a+b)$$

其中,$K=1$,$\Delta_\varphi=1'$,则

$$a+b=(a+b)\pm\Delta_{a+b}$$

(2)计算未知光波波长:

$$\lambda=\frac{(a+b)\cdot\sin\varphi}{K}$$

$$\Delta_\lambda = \sqrt{\left(\frac{\Delta_{a+b}}{a+b}\right)^2 + \left(\frac{\Delta_{\sin\varphi}}{\sin\varphi}\right)^2} \cdot \lambda = \sqrt{2} \cdot \cot\varphi \cdot \Delta_\varphi \cdot \lambda$$

最后结果为

$$\lambda = \bar{\lambda} \pm \Delta_\lambda$$

思 考 题

1. 用式(2-8-1)测量确定光栅常数时要满足什么条件? 实验时这些条件是怎样保证的?

2. 如果光栅平面和转轴平行,但刻痕线和转轴不平行,那么整个光谱有什么异常? 对测量结果有无影响?

实验 2−9 照相及暗室技术

Ⅰ 照相技术

照相是一种基本的实验技术，常用来把自然界客观存在的各种现象、运动状态及瞬间变化过程真实、迅速地记录下来，同时也可以记录人眼不便观察的物理现象，例如 X 光、红外线、高能粒子、爆炸过程、高速运动等，为生产、科研和生活提供有价值的分析研究资料，并可以作为历史档案保存下来。学习照相技术是科学发展的需要，这不仅可以使你获得更多的知识和信息，而且还能为你留下珍贵的纪念和美好的回忆。

【实验目的】

(1) 了解照相机的基本结构和工作原理。
(2) 学习照相、底片(负片)冲洗、印相和放大技术。
(3) 掌握暗室操作技术。

【实验器材】

照相机、印相机、放大机、胶卷、印相纸、放大纸、显影药、定影药及其他暗室设备。

【实验原理】

1. 照相机的组成

照相机的种类很多，但是它们的基本结构和工作原理都是一样的。照相机大体上由下列主要部分组成，即镜头、光圈、快门、机身、取景器、测距器等。图 2−9−1 是照相机及其工作原理的示意图。

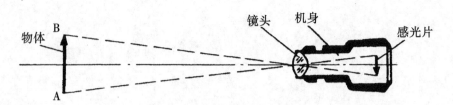

图 2−9−1 照相机原理示意图

远处物体 AB 经物镜(俗称镜头)在感光片上成一个倒立、缩小的实像，经过一定时间的曝光，感光片上就留下潜影。下面分别介绍照相机主要部件的功能。

(1) 镜头。

镜头是照相机最重要的组成部分，一般由 4～6 片透镜胶合而成。在镜头上常刻有"F=75 mm"或"F=50 mm"等字样，表示镜头的镜距；还看到"1：3.5"或"1：2.8"等字样，这个 3.5 或 2.8 称为镜头的有效口径，等于镜头的焦距除以镜头直径的商，这个数越小，则进入镜头的光就越多。

（2）光圈和光圈系数。

光圈是镜头中间的一组金属薄片，能开大和缩小，如图 2-9-2 所示。光圈的作用一般说有两个：一是用它控制进光量；另一个是调整景深范围（景深的概念后面单独介绍）。光圈孔孔径与镜头焦距的比值称为相对孔径，它的倒数称为光圈系数，用 f 表示，刻度值以最大的相对孔径，即有效口径为首项，以公比 $\sqrt{2}$ 排列。常见的光圈系数的排列是：2，2.8，4，5.6，8，11，16，22，…。

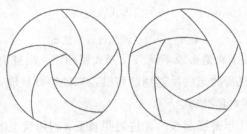

图 2-9-2 光圈

一般来说，光圈系数每改变一个刻度值，通光量近似地变化一倍。应该注意的是：光圈系数越小，通光量越大，光圈系数越大，通光量就越小。

（3）快门。

快门是一种控时的开合机构，用以控制曝光的时间。快门打开，光线则通过镜头和光圈进入相机，使感光片感光，打开时间长，进光量就多；打开时间短，进光量就少。其开放时间以秒（s）为单位，并以倒数形式标在快门盘上，如：60 表示 $\frac{1}{60}$ s，2 表示 $\frac{1}{2}$ s 等。一般照相机上有十几个挡位，相邻刻度值之比也是一倍或近似一倍。快门速度一般只有 1 s 到 $\frac{1}{1000}$ s 的开合时间。大于 1 s 的拍摄可用 T 门或 B 门。T 门是手按下快门为开启，再按一下快门为关闭；B 门按下为开，手松开快门即关闭。另外，照相机一般都有自拍装置，在启动自拍钮后，约 10 s 左右快门才按预定速度动作，这个功能主要用于自我摄影。

（4）机身。机身是连接镜头和感光片之间的暗箱。旧式的照相机机身长度可以调节，但一般是固定的。

（5）取景器。取景器是用来选取景物、调整构图的装置，它的视角和镜头的视角是一致的。

（6）测距器。在拍摄景物时，需要根据被拍摄物体的远近来调整镜头与感光片之间的距离，以便获得清晰的影像，行使这种测距功能的，就是照相机上的测距器，又称对焦器。测距器上的标尺刻度，表示镜头到被拍摄物体之间的距离。常见的测距方式有：

① 目测式：先用目测距，依此值转动距离标尺到该刻度线位置。由于目测式对焦误差较大，故目前已很少使用。

② 光测式：利用光学原理测距对焦，有连动式测距和反光式测距两种。

·连动式测距：主要依靠镜头筒子的转动，取景的同时调焦，并以取影器中虚实两影的重合或分离为依据，两影重合表示调焦准确，两影分离，表示调焦不准。如图 2-9-3(a)所示，称为重影式。也有采用截影式调焦的，如图 2-9-3(b)所示，影像被测距器中的横线分成上下两截而又错开时，则调焦不准；上下两截影像重合时则焦距准确。

（a）重影式调焦不准   （b）截影式调焦不准   （c）调焦已准

图 2-9-3   调焦过程示意图

·反光式测距：常见于双镜头或单镜头反光式照相机。机身内有一面反光镜与镜头成45°角。把通过镜头射进机身的光线反射到照相机顶部的磨砂玻璃上，调整镜头时，若磨砂玻璃上的影像清晰，说明对焦准确。

③ 电子式：这是近几年发展起来的先进测距装置，利用微型电子计算机自动调焦，无需用手转动镜头，打开电键即能自动测距，而且十分准确。

（7）卷片装置。卷片装置是用来传送感光片的机构。拍摄者只要转动轴钮或轴把，便能把装在机轴上的感光片卷过去，一张接一张地拍摄。

下面我们对景深进行介绍。

（1）景深范围及其决定因素：

当照相机对被拍摄主体某点对焦成像时，不仅此点成像，而且在该点前后的一段纵深范围内的景物全能成清晰的像，这个范围叫景深范围，如图 2-9-4 所示。

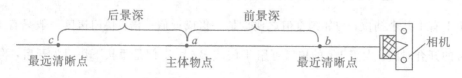

图 2-9-4   景深范围示意图

（2）决定景深范围的主要因素有：

① 光圈的选择。当镜头焦距、物距一定时，光圈越小（光圈系数大）景深范围越大。光圈越大（光圈系数小）景深范围越小。一般的照相机上都有光圈系数与景深范围的对应刻线，可供拍摄时选择。

② 镜头焦距。当光圈、物距一定时，用长焦距的镜头拍摄比用短焦距镜头拍摄景深小。

③ 被拍摄物体的远近。当光圈、镜头焦距一定时，被拍摄物体越远景深越大。

根据拍摄要求的不同，景深的要求也不同，一般来说，拍外景时要求景深大些，拍特写时要求景深小些，总之要视具体情况而定。

2. 胶卷

（1）类型。最常用的胶卷有两种，一种叫 120 胶卷，一种叫 135 胶卷。120 胶卷是宽6 cm、长82 cm 的感光胶带，它贴在同样宽但比它长的黑纸上（保护纸）。保护纸上有三行号码，分别是 1～8、1～12 和 1～16，以记录所拍张数。选择不同的张数，则所得照片的尺寸不同，它们分别是 6 cm×9 cm、6 cm×6 cm 和 4.5 cm×6 cm。135 胶卷宽 35 mm、长

1.6 m，可拍 24 cm×36 mm 的画面 36 张，两边有齿孔，一般装在暗盒里。

　　按色彩，胶卷又分为黑白和彩色两种。而黑白胶卷又按感光性能分为色盲片（仅对蓝、紫光感光，常在翻拍时用）、分色片（对除红光以外的所有可见光感光，适宜拍风景、人像）和全色片（适应性强，使用普遍）。

　　（2）黑白胶卷的构造。黑白胶卷的构成如图 2-9-5 所示。

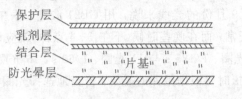

保护层
乳剂层
结合层
片基
防光晕层

图 2-9-5

　　① 保护层：涂在感光片表面的一层硬质透明薄膜，防止胶片在相机内传送时受伤，也可防止脏物的污染。

　　② 乳剂层：主要成分是溴化银和少量的碘化银及明胶，具有感光能力。

　　③ 结合层：涂在乳剂层和片基之间的一种黏合剂，防止乳剂层冲洗时脱落。

　　④ 片基：由一种薄而透明的三醋酸纤维素制成，因不易燃烧故称安全片基，是胶卷的支持体。

　　⑤ 防光晕层：是在片基底面加的一层吸收光线的物质，以防止片基背面反射光而使乳剂再次感光产生光晕，提高成像质量。

　　（3）彩色胶卷。彩色胶卷的构造与黑白胶卷相似，所不同的是其至少有三个感光层，分别对三原色——红、绿、蓝光敏感而形成三个分色的潜影。经光学作用，可以将自然界万紫千红的色彩逼真地记录下来。彩色胶卷又分成彩色负片、彩色正片和彩色反转片。彩色负片是最常用的摄影胶卷。经冲洗后，需经放大印相后才能获得与原色相同的正色效果。彩色正片是供负片印片或放大的彩色透明胶片。不宜用于人像和风景的拍摄。彩色反转片可以通过两次感光，两次显影，直接在底片上获得与原物彩色相同的正色效果，可直接制版印刷。

　　彩色胶卷按拍摄时不同的照明条件又分成日光型、灯光型和灯光日光通用型三种。

　　① 日光型胶卷适合在阳光下拍摄，如在灯光下拍摄需加蓝色滤色镜，否则画面会偏橙红色。但在室内使用日光型胶卷同时也用闪光灯，则可不必加滤色镜。

　　② 灯光型胶卷适合在钨丝灯或强光灯下拍摄。如果用灯光型胶卷在日光下拍摄需加橙黄色滤色镜，不然影像会发蓝。

　　③ 灯光日光通用型胶卷可以不必考虑拍摄现场是灯光还是日光，也不必加滤色镜，但要在暗室印放照片时校正色彩。

　　（4）胶卷的感光度：是指胶卷感光的速度，各国有不同的标准，中国用的 GB 标准与德国标准 DIN 制在数值上相同，如 GB21 即 DIN21、GB24 即 DIN24 等，其中数值越大，则感光速度越快，每增加 3 度，速度增加一倍，即同等条件下，曝光量应减少一半。国际标准用 ISO 表示。美国标准用 ASA 表示，ASA100 相当于 GB21。拍照时应将感光度盘上的数值调到与所用胶卷感光度一致。

3. 曝光

光线进入照相机，使感光片感光而产生潜影的过程称为曝光，曝光量＝光照度×曝光时间。

照相机上用来控制曝光量的是光圈和速度，曝光量选择的正确与否，是一张照片好坏的重要因素之一。一般胶卷的说明上都有根据不同季节、时间、天气等给出的供参考的光圈和速度值。以长春市 9 月份的光线来说，用 GB21 胶卷，中午晴天薄云天气时用 16 光圈，速度1/125 s曝光正常；而在晚些时候(下午 3、4 点钟)就应该用 11 或 8 光圈，1/125 s 速度。同时应清楚：8 光圈、1/125 s 与 11 光圈、1/60 s，16 光圈、1/30 s 等的曝光量是一致的，但景深不同。拍摄时要根据景深的需要，恰当地选择光圈和速度，不能千篇一律。

【实验内容】

图像的拍摄：

(1) 在掌握上述知识后，首先要熟悉照相机的结构、主要的功能，将使用方法弄清楚后，利用废卷(或空机)练习装卷，根据天气选光圈、速度并进行取景、对焦、试照、卷片等练习。

(2) 练习熟练后，正式装入胶卷，并将照相机感光度盘上的数值调到与胶卷感光度一致。

(3) 进行拍摄。要求拍一张景深较大的外景或内景照片(主体要求在离照相机 5 m 左右)，拍一张景深较小的特写照片。拍摄时应进行详细记录，包括底片编号、光圈、速度、气象、日期、拍摄人姓名等。

(4) 拍完最后一张胶片后，利用倒片手柄将胶片卷回暗盒内(120 胶卷无此项)，倒片时要将照相机底部倒片手柄另一侧的按钮按下。同时注意：不要将胶片全部倒入暗盒内，要留一小段在盒外，以防止光线进入暗盒。倒片结束后，取出暗盒，妥善保管，准备冲卷。

注意事项：

(1) 照相机严禁摔、挤、压、震，不许随意拆卸镜头。

(2) 保护镜头。禁止用手或用手帕等擦拭镜头(可用镜头纸)；禁止长时间对着太阳等强光源，非拍摄时间应戴好遮光罩。

(3) 照相机要防止受潮受热，严禁淋雨和落水。停用时应将快门放松，电源关闭。

Ⅱ　暗 室 技 术

感光片经过曝光之后，被拍摄物体的影像是以潜影形式存留在感光片乳剂层中的。这时影像是看不见的，也是不能丝毫见光的。要使拍摄后的感光片的影像显现出来或形成照片，必须经过暗房的化学处理过程，这一过程称为暗室技术。

1. 暗室及其设备

任何不透光的房间都可以当作暗室。根据工作任务的需要，其中设备可以有很大的不同，但有些是必不可少的。一般需要有：红/绿灯及其开关、水、瓷盘、温度计、量杯、计时器、竹夹、显影及定景药品、印相机、放大机、上光机等。当然，上述物品也可以用一些简易物品代替。

2. 显影原理及其药液

显影就是把拍摄曝光后的感光片放入含有显影剂的药液中显出影像来。显影药液的作用是对已感光的银盐有还原能力。感光片曝光多的地方,银粒还原多,底片显得发黑;曝光少的地方,银盐还原少,底片显得薄。这样,外景物各处部分就以厚薄不等的银粒密度在感光片上记录下来,成为清晰的影像。

显影液是由水和两种或两种以上的化学药品配制而成的,这些药物按其在显影中的作用可分为显影剂、保护剂、促进剂和抑制剂。其中必不可少的是显影剂和保护剂。显影剂常用的有米吐尔(对甲氨基苯酚硫酸盐),其显影速度快,属于急性显影剂;对苯二酚(又叫海得尔或几奴尼)属于缓性显影剂,常与米吐尔合用成中性显影剂。还有一种较新型的显影剂称为菲尼酮或菲尼冬。保护剂是由亚硫酸钠制成的,作用是延长显影剂的使用寿命和促进显影。促进剂是碳酸钠、硼碱或氢氧化钾,用于除去溴离子。抑制剂是防止底片产生灰雾,并可适当减慢显影速度,增加反差的,通常用溴化钾。各种药物功能的作用不同,在每一个配方中,各种成分都是不可少的,否则就很难达到好的效果。下面介绍几种黑白胶片显影液的配方。

D−72 显影液(底片相纸通用)

温水(30 ℃～40 ℃)	75 ml
米吐尔	3 g
无水亚硫酸钠	45 g
对苯二酚(几奴尼)	12 g
无水碳酸钠	67.5 g
溴化钾	2 g
加冷水至	1000 ml

使用说明:

① 显影温度为 20℃;

② 显影时间:冲卷为 3～4 min,显纸为 1 min 左右。

D−76 微粒显影液(冲卷用)

温水(52 ℃)	750 ml
米吐尔	2 g
无水亚硫酸钠	100 g
对苯 M 酚(几奴尼)	5 g
硼砂	2 g
加冷水至	1000 ml

使用说明:

① 原液使用,不必冲淡;

② 温度 20 ℃,显影时间 10～13 min。

3. 停影和定影

经过显影后的感光片应立即进行停影。停影的作用是利用停影液的酸性与显影液的碱性中和,以消除显影液的能力,防止感光片过度显影或出现斑痕,同时也有保护定影液的

作用(也有的人用清水洗去显影液的方法停影)。通常的停影液配方为

水	750 ml
冰醋酸	48 ml
加水至	1000 ml

定影是使感光片上未经还原的银盐变为可溶于水的盐类。使已还原的影像固定下来。经定影后的感光片就成为一张具有影像存在的负片,可以用来印放照片,并能长期保存。

常见的定影液配方如下:

F—5 酸性坚膜定影液(相纸、底片通用)

温水(50℃~60℃)	600 ml
大苏打(硫代硫酸钠)	240 g
无水亚硫酸钠	15 g
醋酸(28%)	40 ml
硼酸	7.5 g
钾矾	15 g
加冷水至 20 ℃	1000 ml

使用说明:

① 按以上次序,待一种药品溶化后,再溶化次项;

② 定影时间为 10~20 min;

③ 配 28%浓度的醋酸时,以原液醋酸 3 份和清水 8 份即成。

除了上述需要自行配制的各种药液之外,有的实验室有已配制完的药物或袋装的显影定影药品,可按使用说明直接使用。

【实验内容】

冲洗胶卷是本实验中最重要的环节之一。它的失败,就会使前面的工作前功尽弃,甚至无法弥补,因此必须小心谨慎。

1. 冲卷的准备

进入暗室后,首先要检查一下暗室的安全程度,有没有透光的地方,同时要检查一下安全灯(红灯和绿灯)是否过亮。其次应按需要准备好要用的显影、停影、定影药液及其他工作。记清安全灯开关、计时器、各物品所放的位置,以便在黑暗中能用手摸到。用废卷练习一下从暗盒中取出感光片的过程。

2. 冲洗胶卷

冲卷的方法主要有两种:显影罐冲洗和盆中冲洗,但过程基本相似。本实验只介绍盆显,程序如下:

(1)关闭所有的灯,使暗室处于"伸手不见五指"的状态。从暗盒中取出胶卷,先在15℃~20℃的清水中冲洗 1 min 左右,其目的是使感光片药膜全部湿润,便于均匀显影。

(2)开启计时器(事先定好时间,或让他人开始计时),将胶卷浸入显影液中,药膜面向上,两手不停地移动感光片以保证其显影均匀,要注意不要划伤药膜,手不要过多地泡在药液中。

（3）显影时间到时（或稍提前些），先将胶卷在清水中清洗一下，然后拿到距绿灯50 cm左右处观察一下显影效果（一般在暗室中观察应比在亮处观察稍黑一些才正确，否则会显影不足），显影不足可再显一会儿，满意时则立即放入停影液中洗一下，后放入定影液中。（也可以不用停影，但必须将显影液洗净。）

（4）新鲜的定影液只要 10 min 即可定影完毕，从定影液中取出胶卷，用流动的清水漂洗 15 min 后将其挂起晾干。

3. 放大和印相

放大照片和印相片都是利用透过底片的光线使放大纸或印相纸感光，成为和底片相反而和实物相同的照片。所不同的是印相片是将印相纸直接覆盖在底片上，印出来的照片和底片大小相同。而放大则是利用扩大了的投影使放大纸感光。得到比底片大的照片。由于印相和放大道理一样，故只重点讲一下放大知识。

（1）底片的反差及放大纸（印相纸）的选择。

反差是指底片（或照片）图像黑白分明的程度，反差大则黑白层次分明，反差小则黑白层次不显著。要得到一个反差合适的照片，就要根据底片的反差来选择放大纸（印相纸）。放大纸虽然有各式各样的，但其性能都是以软、中、硬来区分。通常用代号 1～5 来表示，小数字代表软，大数字代表硬，这里的软和硬指的是同样曝光量的情况下，照片反差的小和大。一般地说，底片反差大则选择较软的放大纸；反差小则选择较硬的放大纸；反差中等则选择中性放大纸。

（2）对焦和试样。

将底片药面朝下放在放大机的底片夹内（印相时药面朝上放在玻璃板上），打开镜头前的滤色板，调整放大机上的对焦旋钮，在一张废照片背面将所要的图像调至所需大小，并达到最清晰；调整放大机镜头上的光圈使图像亮度适中，挡上滤色板。取一长条放大纸（试样），药膜朝上放在影像的主要部位。用一张黑纸板遮挡住试样的大部分，仅露出 1/4 左右，打开滤色板。采取梯级曝光法，例如：曝光 5 s 后使露出部分为 1/2；再曝光 5 s 后使露出部分为 3/4；再曝光 5 s……。这样，第一条曝光就是 20 s，第二条 15 s，第四条是 5 s。将试样放入显影液中显影，一定要确定一个正确的曝光时间。

（3）放大照片。

将所需放大纸按需要剪成适当的大小，挡上滤色板，把放大纸药膜朝上放在要放大的图像处，打开滤色板，按试样中最合适的曝光时间曝光。将放大纸放入显影液中，先将药膜朝下，并用夹子按动纸背，使之均匀浸泡在显影液中约 1 min 将其翻过来，观察影像显露情况至达到显影要求为止。将显好的照片经停影（或清水）后放入定影液中定影（至少20 min）。需要注意的是：不论是放大还是印相，都要使底片的药膜面与放大纸或印相纸的药膜面相对；另外，显影过程中，虽可在安全灯（必须是红灯）下进行，但不要离灯太近；此外，在安全灯下观察照片的色调应比在日光下观察时深一些，这样在日光下观察才能正常，所以最好在显影液旁边放一张色调正常的照片加以比较。

（4）晾干和剪裁。

将定影后的照片进行水洗（最好是漂洗）除去上面的定影药液，冲洗完的照片自然晾干或吹干后一般不太规整，所以要对其裁剪和修整，这样才能得到一张完好的照片。整个放大(印相)的过程如图 2-9-6 所示。

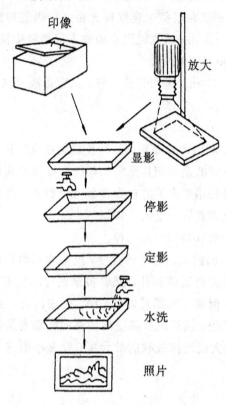

图 2-9-6 放大(印相)流程图

实验报告要求:

(1) 写明照相的详细步骤及记录,包括:时间、地点、天气、拍摄距离、光圈、快门、底片编号等。

(2) 写明暗室操作的详细步骤及记录,包括:① 配制药品的过程(没进行此项的也要写);② 冲卷的准备及过程;③ 放大(印相)照片的全部详细过程;④ 将所放大的照片附在报告上,并作自我评述,总结经验教训。

思 考 题

1. 照相机有哪些主要组成部分?主要作用是什么?

2. 什么是胶卷的感光度?GB21 相当于德国标准 DIN 的多少?相当于美国标准 ASA 的多少?

3. 什么叫景深?它与哪些因素有关?

4. 冲卷需要哪几个过程?

5. 放大照片需要哪几个过程?

实验 2 – 10　迈克尔逊干涉仪

【实验目的】

（1）通过实验考察等倾干涉、等厚干涉。

（2）了解迈克尔逊干涉仪的构造和原理，学会调整和使用方法，并用它测光波波长。

【实验器材】

迈克尔逊干涉仪、氦氖激光光源、钠光灯等。

【实验原理】

迈克尔逊干涉仪是借助光的干涉原理测量长度或长度变化的精密光学仪器，是迈克尔逊于 1881 年发明并于 1887 年和莫雷合作进一步改进和完善的，他因这项研究的成功获得了诺贝尔物理学奖。今天，该仪器已成为实验室中用途最广的光学仪器之一，其光路如图 2 – 10 – 1 所示。从光源 S 发出的光束射到 G_1 玻璃板上，G_1 的前后两个面严格平行，后表面镀有铝或银的半反射膜。光束被半反射膜分为两支，图 2 – 10 – 1 中用 1 表示反射的一支，用 2 表示透射的一支。因为 G_1 和平面镜 M_1、M_2 均成 45°，所以两光束分别近于垂直入射 M_1 和 M_2。

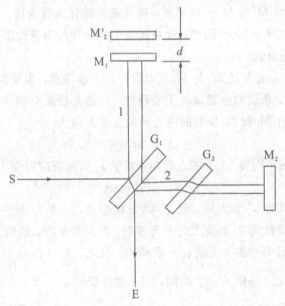

图 2 – 10 – 1　光路图

两光束经反射后再在 E 处相遇，形成干涉条纹。G_2 为一个补偿板，其材料和厚度和 G_1 相同。G_2 的作用是补偿光束 2 的光程，使光束 2 和光束 1 在玻璃中的光程相等。

反射镜 M_2 是固定的，M_1 可在精密导轨上前后移动以改变两束光之间的光程差。M_1 的移动采用了蜗轮蜗杆传动系统，其最小读数为 10^{-4} mm 可估计到 10^{-5} mm。镜 M_1、M_2 的背面各有三个螺丝，用以调节 M_1、M_2 平面的倾度。镜 M_2 的下端还附有两个方向互相垂直的两个微动螺丝，用以精确地调节镜 M_2 的倾度。

相干过程是，从光源 S 射来经扩展的光到达分束板 G_1 后被分成两束，反射光 1 在 G_1 反射后向着 M_1 前进；透射光 2 透过 G_1 后向着 M_2 前进，并且两次通过补偿板，这两束光经 M_1 与 M_2 反射后沿着原来入射的方向返回，光线 1 透过 G_1，光线 2 被 G_1 反射，最终都到达观察点 E。由于这两束光都来自光源上同一点，所以是相干光，在 E 处可以观察到干涉图样。图 2-10-1 中还画出 M_2 的虚像 M_2'，两束光在 E 处的干涉可等效为由 M_1 与 M_2' 反射的光线所形成的。M_2' 与 M_1 平行，并相距为 d，这样，干涉图样与厚度为 d 的空气膜所产生的干涉是等效的。不过在实验中要调整 M_2' 与 M_1 严格平行，即 M_1 与 M_2 严格垂直，还要细致地调整反射镜后面的螺丝，直到在 E 处观察到圆形的等倾条纹，当 M_1 与 M_2' 有很小的夹角时，便可观察到直线的等厚干涉条纹。

【实验内容】

调整迈克尔逊干涉仪，观察 He-Ne 激光的干涉条纹（或钠光灯的干涉条纹），求出光波的波长。

1. 调整干涉仪使之处于待测状态

将钠光大致对准与 M_2 垂直的方向，在观察点放一个毛玻璃屏，屏上出现两排光斑，调节 M_2 背后的三个螺丝（注意 M_1 背后的螺丝已调好，切勿触动），使两排光斑中两个最亮的光点大致重合，则 M_2' 与 M_1 平行。然后将光源扩束，就能在屏上看到弧形条纹，再调节 M_2 背后的三个螺丝，可使 M_2' 与 M_1 严格平行，弧状条纹转化成圆条纹，并能出现从内到外和从外向里的"湮没"或"冒出"大小圆环，这是调整中的一种动态条纹图像。

2. 测量入射光的波长

在图 2-10-1 中，光源经 M_1 与 M_2' 反射后产生干涉现象，当观察屏垂直于轴放置时，屏上出现同心圆条纹。条纹的位置取决于光程差，只要光程差有稍许变化，就有明显的条纹移动。计算表明，自 M_1 和 M_2' 反射的两光波的光程差应为

$$\Delta = 2d\cos\theta \tag{2-10-1}$$

其中，θ 为反射光 1 在平面镜 M_1 上的入射角，对于 K 级亮条纹则变为

$$K\lambda = 2d\cos\theta_k \tag{2-10-2}$$

当 M_1 和 M_2' 的间距 d 增大时，就 K 级条纹而言，必然以减少 $\cos\theta_k$ 的值来保持式 (2-10-2) 成立，故条纹向 θ_k 值变大的方向移动，即向外扩展。这时观察者将看到条纹似乎从中心向外涌出，且每增加 $\lambda/2$ 就有一圈涌出。反之，当 d 逐渐变小时，最靠近中心的圆圈将一个个陷入中心，每陷入一个圆圈，间隔就改变 $\frac{\lambda}{2}$。

因此，只要在移动 M_1 时从装置上读出间隔 d 的改变值 Δd，同时数出移动 M_1 时涌出或陷入的条纹数 N，即可通过式 (2-10-3) 求出入射光波的波长 λ

$$\lambda = \frac{2\Delta d}{N} \tag{2-10-3}$$

在已知波长的情况下，只要数出条纹涌出或陷入的数目 N，就可以通过式 (2-10-3) 求出平面镜 M_1 以波长 λ 为单位而移动的距离。

在实验中，移动 M_1 时应记下 d 的起始位置 d_1，然后向一个方向转动鼓轮，当数到条纹涌出或陷入的数 $N=100$ 时，记下 d_2，M_1 位移量为 $\Delta d=|d_2-d_1|$，根据现实需要可测量五次，取平均值。

注意：

(1) 迈克尔逊干涉仪属精密仪器，操作时要极其小心谨慎，注意不要用手摸仪器中的光学零件。

(2) 不能用眼正视激光，以免烧坏视网膜。

【**数据处理**】

计算入射光的波长及其不确定度：

$$\lambda_i = \frac{2}{N}\,|\,d_i-d_{i-1}\,|$$

$$\bar{\lambda} = \frac{1}{N}\sum_{i=1}^{n}\lambda_i \quad (n=5)$$

$$\Delta_\lambda = \sqrt{s_\lambda^2+\Delta_d^2} = \sqrt{s_\lambda^2+2\Delta_d^2}$$

式中，$S_\lambda = \sqrt{\dfrac{\sum(\lambda_i-\bar{\lambda})^2}{n-1}}$，$\Delta_{d_i}=0.005\ \text{mm}$。

最后结果为

$$\lambda = \bar{\lambda} \pm \Delta_\lambda$$

思　考　题

1. 试用公式 $K\lambda=2d\cos\theta_k$ 说明 d 的变化与条纹变化的关系。

2. 观察等厚干涉条纹时能否用点光源？

3. 在计数干涉条纹移动的数目时，为什么鼓轮要向一个方向转动，即 M_1 只能单向移动？

实验 2 – 11　用密立根油滴仪测电子电荷 e

【实验目的】

(1) 用 OM99CCD 微机密立根油滴仪验证电荷的不连续性及测量基本电荷电量。

(2) 学习了解 CCD 图像传感器的原理与应用、学习电视显微测量方法。

【实验器材】

OM99CCD 微机密立根油滴仪、CCD 电视显微镜。

【实验原理】

一个质量为 m，带电量为 q 的油滴处在两块平行极板之间，在平行极板未加电压时，油滴受重力作用而加速下降，由于空气阻力的作用，下降一段距离后，油滴将做匀速运动，速度为 V_g，这时重力与阻力平衡（空气浮力忽略不计），如图 2 – 11 – 1 所示。

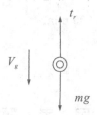

图 2 – 11 – 1　匀速运动

根据斯托克斯定律，黏滞阻力为

$$f_r = 6\pi a\eta V_g$$

式中，η 是空气的黏滞系数，a 是油滴的半径，这时有

$$6\pi a\eta V_g = mg \tag{2 – 11 – 1}$$

当在平行极板上加电压 V 时，油滴处在场强为 E 的静电场中，设电场力 qE 与重力相反，如图 2 – 11 – 2 所示，使油滴受电场力加速上升，由于空气阻力作用，上升一段距离后，油滴所受的空气阻力、重力与电场力达到平衡（空气浮力忽略不计），则油滴将以匀速上升，此时速度为 V_e，则有

$$6\pi a\eta V_g = qE - mg \tag{2 – 11 – 2}$$

图 2 – 11 – 2　电场中油滴受力分析

又因为

$$E = \frac{V}{d} \tag{2 – 11 – 3}$$

由式(2-11-1)、式(2-11-2)、式(2-11-3)可解出

$$q = mg\,\frac{d}{V}\left(\frac{V_g + V_e}{V_g}\right) \tag{2-11-4}$$

为了测定油滴所带的电荷 q，除应测出 V、d 和速度 V_e、V_g 外，还需知道油滴的质量 m。由于空气中悬浮和表面张力的作用，可将油滴看作圆球，其质量为

$$m = \frac{4}{3}\pi a^3 \rho \tag{2-11-5}$$

式中，ρ 是油滴的密度。

由式(2-11-1)和式(2-11-5)，可得油滴的半径为

$$a = \left(\frac{9\eta V_g}{2\rho g}\right)^{\frac{1}{2}} \tag{2-11-6}$$

考虑到油滴非常小，空气已不能看成连续媒质，故空气的黏滞系数 η 应修正为

$$\eta' = \frac{\eta}{1 + \dfrac{b}{pa}} \tag{2-11-7}$$

式中，b 为修正常数，p 为空气压强，a 为未经修正过的油滴半径(由于它在修正项中，故不必计算得很精确，由式(2-11-6)计算就够了)。

实验时取油滴匀速下降和匀速上升的距离相等，设都为 l，测出油滴匀速下降的时间 t_g，匀速上升的时间 t_e，则

$$V_g = \frac{l}{t_g},\; V_e = \frac{l}{t_e} \tag{2-11-8}$$

将式(2-11-5)、式(2-11-6)、式(2-11-7)、式(2-11-8)代入式(2-11-4)，可得

$$q = \frac{18\pi}{\sqrt{2\rho g}}\left[\frac{\eta l}{1 + \dfrac{b}{pa}}\right]^{3/2}\frac{d}{V}\left(\frac{1}{t_e} + \frac{1}{t_g}\right)\left(\frac{1}{t_g}\right)^{1/2}$$

令

$$K = \frac{18\pi}{\sqrt{2\rho g}}\left[\frac{\eta l}{1 + \dfrac{b}{pa}}\right]^{3/2}\cdot d$$

得

$$q = \frac{K\left(\dfrac{1}{t_e} + \dfrac{1}{t_g}\right)\left(\dfrac{1}{t_g}\right)^{1/2}}{V} \tag{2-11-9}$$

式(2-11-9)是动态(非平衡)法测油滴电荷的公式。

下面导出静态(平衡)法测油滴电荷的公式：

调节平行极板间的电压，使油滴不动，$V_e = 0$，即 $t_e \to \infty$，由式(2-11-9)可得

$$q = K\left(\frac{1}{t_g}\right)^{3/2}\cdot\frac{1}{V}$$

或者

$$q = \frac{18\pi}{\sqrt{2\rho g}}\left[\frac{\eta l}{t\left(1 + \dfrac{b}{pa}\right)}\right]^{3/2}\cdot\frac{d}{V} \tag{2-11-10}$$

式(2-11-10)即为静态法测油滴电荷的公式。

为了求电子电荷 e，可以对实验测得的各个电荷 q 求最大公约数，这就是基本电荷 e 的值，也就是电子电荷 e；也可以测得同一油滴所带电荷的改变量 Δq_1（可以用紫外线或放射源照射油滴，使它所带电荷改变），这时 Δq_1 应近似为某一最小单位的整数倍，此最小单位即为基本电荷 e。

【实验内容】

(1) 将 OM99CCD 面板上最左边带有 Q9 插头的电缆线接至监视器后背下部的插座上，然后接上电源即可开始工作。注意，一定要插紧，保证接触良好，否则会出现图像紊乱或只有一些长条纹。

(2) 调节仪器底座上的三只调平手轮，将水泡调平。由于底座空间较小，因此调手轮时，应将手心向上，用中指和无名指夹住手轮调节较为方便。

(3) 照明光路不需调整。CCD 电视显微镜对焦也不需用调焦针插在平行电极孔中来调节，只需将显微镜筒前端和底座前端对齐，然后喷油后再稍稍前后微调即可。在使用中，前后调焦的范围不要过大，取前后调焦 1 mm 内的油滴较好。

(4) 实验方法可选用平衡测量法（静态法）、动态测量法和同一油滴改变电荷法（第三种方法要用到汞灯，选做）。

① 平衡测量法（静态法）。可将已调平衡的油滴用 K_2 控制移到"起跑"线上（一般取第 2 格上线），按 K_3（计时/停）让计时器停止计时（值未必要为 0），然后将 K_2 拨向"0V"，油滴开始匀速下降的同时，计时器开始计时。到"终点"（一般取第 7 格下线）时迅速将 K_2 拨向"平衡"，油滴立即静止，计时也立即停止。此时，电压值和下落时间值显示在屏幕上，进行相应的数据处理即可。

② 动态法测量。分别测出加电压时油滴上升的速度和不加电压时油滴下落的速度，代入相应公式，求出 e 值，此时最好将 K_2 与 K_3 的联动断开。油滴的运动距离一般取 1～1.5 mm。对某颗油滴重复 5～10 次测量，选择 10～20 颗油滴，求得电子电荷的平均值 e。在每次测量时都要检查和调整平衡电压，以减小偶然误差和因油滴挥发而使平衡电压发生变化。

③ 同一油滴改变电荷法。在平衡法或动态法的基础上，用汞灯照射目标油滴（应选择颗粒较大的油滴）使之改变带电量，表现为原有的平衡电压已不能保持油滴的平衡，然后用平衡法或动态法重新测量。

【数据处理】

平衡法依据公式为

$$q = \frac{18\pi}{\sqrt{2\rho g}} \left[\frac{\eta l}{t_g \left(1 + \frac{b}{pa}\right)} \right]^{3/2} \cdot \frac{d}{V}$$

式中，$a = \sqrt{\dfrac{9\eta l}{2\rho g t_g}}$；油的密度 $\rho = 981 \ \text{kg} \cdot \text{m}^{-3}$（20℃）；重力加速度 $g = 9.81 \ \text{m} \cdot \text{s}^{-2}$（长春）；空气黏滞系数 $\eta = 1.83 \times 10^{-5} \ \text{kg} \cdot \text{m}^{-1} \cdot \text{s}^{-1}$；油滴匀速下降距离 $l = 1.5 \times 10^{-3} \ \text{m}$；

修正常数 $b = 6.17 \times 10^{-6}$ m·cmHg；大气压强 $p = 76.0$ cmHg；平行极板间距离 $d = 5.00 \times 10^{-3}$ m；

注意： 式中的时间 t_g 应为测量数次时间的平均值，实际大气压可由气压表读出。

计算出各油滴的电荷后，求它们的最大公约数，即为基本电荷 e 值。若求最大公约数有困难，可用作图法求 e 值。设实验得到 m 个油滴的带电量分别为 $q_1, q_2, \cdots, q_m$，由于电荷的量子化特性，应有 $q_i = n_i e$，此为一个直线方程，n 为自变量，q 为因变量，e 为斜率。因此，m 个油滴对应的数据在 $n \sim q$ 坐标中将在同一条过圆点的直线上，若找到满足这一关系的直线，就可用斜率求得 e 值。

将 e 的实验值与公认值比较，求相对误差。（公认值 $e = 1.60 \times 10^{-19}$ 库仑）

思 考 题

1. 为什么必须使油滴做匀速运动或静止？实验中如何保证油滴在测量范围内做匀速运动？
2. 用 CCD 成像系统观测油滴比直接从显微镜中观测有何优点？

实验 2－12　霍尔位置传感器测量杨氏模量

【实验目的】

（1）学会用霍尔位置传感器测量材料的杨氏模量。

（2）掌握利用磁铁和集成霍尔元件间位置变化输出信号来测量微小位移技术及传感器的定标方法。

（3）学会用逐差法处理数据。

【实验器材】

霍尔位置传感器测量杨氏模量装置、电压表、稳压电源。

【实验原理】

（1）霍尔元件置于磁感应强度为 B 的磁场中，在垂直于磁场的方向通以电流 I 则与这二者相垂直的方向上将产生霍尔电势差 U_H，为

$$U_H = KIB \qquad (2-12-1)$$

式（2－12－1）中 K 为元件的霍尔灵敏度。如果保持霍尔元件的电流 I 不变，而使其在一个均匀梯度的磁场中移动时，则输出的霍尔电势差变化量为

$$\Delta U_H = KI \frac{\mathrm{d}B}{\mathrm{d}Z} \Delta Z \qquad (2-12-2)$$

式（2－12－2）中 ΔZ 为位移量，此式说明若 $\frac{\mathrm{d}B}{\mathrm{d}Z}$ 为常数时，K 与 ΔU_H 成正比与 ΔZ 成反比。

为实现均匀梯度的磁场，可如图 2－12－1 所示选用两块相同的磁铁（磁铁截面积及表面磁感应强度相同），磁铁相对而放，即 N 极与 N 极相对而放，两磁铁之间留一个等间距间隙，霍尔元件平行于磁铁放在该间隙的中轴上。间隙大小要根据测量范围和测量灵敏度的要求而定，间隙越小，磁场梯度就越大，灵敏度就越高。磁铁截面要远大于霍尔元件，以尽可能地减小边缘效应影响，提高测量准确度。

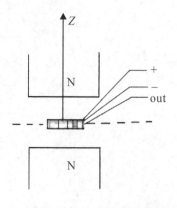

图 2－12－1　均匀梯度磁场

若磁铁间隙内中心截面 A 处的磁感应强度为零，霍尔元件处于该处时，输出的霍尔电势差应为零。当霍尔元件偏离中心沿 Z 轴发生位移时，由于磁感应强度不再为零，故霍尔元件也就产生相应的电势差输出，其大小可由数字电压表测量。由此可以将霍尔电势差为零时元件所处的位置作为位移参考零点。

霍尔电势差与位移量之间存在一一对应关系，当位移量较小（＜2 nm），这一对应关系具有良好的线性。

（2）在横梁弯曲情况下，杨氏模量 E 为

$$E = \frac{d^3 Mg}{4a^3 b\Delta Z} \tag{2-12-3}$$

其中，d 为两个刀口间的距离，a 为梁的厚度，b 为梁的宽度，M 为加挂砝码的质量，ΔZ 为梁中心由于外力作用而下降的距离，g 为重力加速度，实验装置如图 2-12-2 所示。

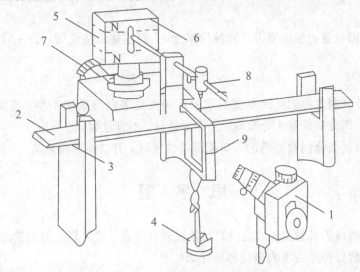

1—读数显微镜；2—横梁；3—刀口；4—砝码；5—有机玻璃盒（内装磁铁）；6—磁铁（两块）；
7—三维调节架；8—铜杠杆（杠杆顶端贴有 95A 型集成霍尔传感器）；9—铜刀口上刻度线

图 2-12-2　实验装置

【实验内容】

（1）测量黄铜样品的杨氏模量和霍尔位置传感器的定标。

① 调节三维调节架左右前后位置的调节螺丝，使集成霍尔位置传感器探测元件处于磁铁的中间位置。

② 用水准器观察磁铁是否在水平位置，若偏离时可用底座螺丝调节到水平位置。

③ 调节负载零点。先将补偿电压电位器调节在中间阻值位置（电位器全程可调节 8～9圈，中间位置约 4～4.5 圈），然后调节三维调节架立柱上可上下调节的固定螺丝使磁铁上下移动，当毫伏表读数为零或读数值很小时，停止调节固定螺丝，最后调节补偿电压电位器使毫伏表读数为零。

④ 调节读数显微镜目镜，使眼睛观察十字线及分划板刻度线和数字清晰，然后移动读数显微镜前后距离，以便能够清晰地看到钢刀上的基线。转动读数显微镜的鼓轮使刀口架

的基线与读数显微镜内十字刻度线吻合，记下初始读数值。

⑤ 逐次增加砝码 M_i（每次增加 10 g 砝码），相应从读数显微镜上读出梁的弯曲位移 ΔZ_i 及数字电压表相应的读数值 U_i（单位 mV），以便于计算杨氏模量和对霍尔位置传感器进行定标。

⑥ 测量横梁两个刀口间的长度 d 及测量不同位置的横梁宽度 b 和横梁厚度 a。

⑦ 用逐差法按式(2-12-3)进行计算，求得黄铜材料的杨氏模量，并求出霍尔位置传感器的灵敏度 $\dfrac{\Delta U_i}{\Delta Z_i}$。（关于逐差法请参看第 0 章绪论部分的相关内容）

⑧ 把测量结果与公认值进行比较。

(2) 用霍尔位置传感器测量可锻铸铁的杨氏横量。（选做内容）

① 逐次增加砝码 M_i，相应读出数字电压表读数值。由霍尔传感器的灵敏度，计算出距离 ΔZ_i。

② 测量不同位置的横梁宽度 b 和横梁厚度 a，用逐差法按式(2-12-3)计算可锻铸铁的杨氏模量。

注意事项：

(1) 用千分尺测量待测样品厚度必须取不同位置多点测量取平均。测量黄铜样品时，因黄铜比钢软，因此在旋紧千分尺时，用力要适量，不宜过猛。

(2) 用读数显微镜测量砝码的刀口架基线位置时，刀口架不能晃动。

思 考 题

1. 弯曲法测杨氏模量实验，主要的测量误差有哪些？请估算各影响量的不确定度。

2. 用霍尔位置传感器法测微位移有什么优点？

实验 2 – 13　固体线膨胀系数的测定

【实验目的】

(1) 掌握电热法测金属杆的膨胀系数的方法。

(2) 学会用光杠杆法测定微小长度的变化。

【实验器材】

线膨胀系数测试仪、望远镜、光杠杆、温度计及米尺等。

【实验原理】

对于一般的固体物质，在温度改变不是很大时，不会发生状态的变化，只会引起体积的改变；当温度升高时，原子间的平均距离增大，导致整个固体的膨胀。固体任何线度(例如长度、宽度及厚度)的变化都叫做线膨胀，如果这个线度的长度为 L，则由温度的变化 ΔT 所引起的长度的变化为 ΔL，由实验得知，若 ΔT 不是很大时，则 ΔL 与 ΔT 成正比，并与原有长度 L 成正比，因此可得

$$\Delta L = \alpha L \Delta T \qquad\qquad (2\text{-}13\text{-}1)$$

式中，α 为线膨胀系数，对于不同的物质这个系数具有不同的数值。式(2-13-1)也可改写成

$$\alpha = \frac{\Delta L}{L(T - T_0)} \qquad\qquad (2\text{-}13\text{-}2)$$

所以，α 的物理意义是温度每改变 1K 时长度的相对变化。

根据光杠杆原理，则有

$$\Delta L = \frac{b}{2D}(n - n_0) \qquad\qquad (2\text{-}13\text{-}3)$$

将式(2-13-3)代入式(2-13-2)，则有

$$\alpha = \frac{(n - n_0)b}{2DL(T - T_0)} \qquad\qquad (2\text{-}13\text{-}4)$$

式中，n_0 和 n 分别为加热前、后望远镜中标尺的读数，T_0 和 T 分别为加热前、后的温度值(由于热力学温标与摄氏温标的分度一致，所以在测温差时可以直接用摄氏温度计)，D 为光杠杆镜面到标尺的距离，b 为光杠杆后足尖到两前足尖连线的距离。

严格地说，α 的数值取决于实际温度及确定长度 L 时所选定的参考温度。但 α 的改变很小，与工程量度所需的准确相比它通常可以忽略不计。因此，由选取的参考温度不同而引起的原有长度 L 的改变可忽略不计。在 0℃～100℃ 间常用物质的线膨胀系数的平均值如表 2-13-1 所示。

表 2 – 13 – 1　在 0℃～100℃ 间常用物质的线膨胀系数的平均值

物质	金	银	铜	黄铜	铝	铅	普通玻璃
$\bar{\alpha}/\text{K}^{-1}$	1.4×10^{-5}	2.0×10^{-5}	1.7×10^{-5}	1.9×10^{-5}	2.5×10^{-5}	2.9×10^{-5}	0.94×10^{-5}

【实验内容】

(1) 从测试仪中取出金属杆作为测试棒，用米尺测量其长度 L，然后，将其慢慢地放入原仪器的孔中，直到棒下端接触到底面为止。

(2) 将温度传感器放入被测试棒孔中，两条引线接到数字表后盖板的接线柱上（正负极不要接错），电源线插入电源（220 V）插座上，按面板电源开关，指示灯亮则说明电源已经接通，此时显示的温度即为测试棒的温度。

(3) 将光杠杆的后足尖放置在被测试棒的顶端，前足尖放在平台上的横槽内，并调节光杠杆的镜面，使其与平台的平面铅垂。

(4) 调节望远镜，调到能从目镜中清楚地观察到标尺的刻度为止，记录此时刻的温度 T_0（T 为摄氏温度）及标尺刻度 n_0。

(5) 给测试仪接通电源，被测棒加热后，注意观察温度计的读数，当温度升高 4℃ 时，记录此时刻的温度 T_1 及对应的标尺刻度 n_1；以后，再升高 4℃ 时，记录 T_2 及对应的标尺刻度 n_2；依此类推，一直记到 5 组数据为止。

(6) 用米尺测出 D 及 b 的大小，将各数据代入式(2-13-4)，分别求出 α_1、α_2、α_3、α_4 及 α_5，取其平均值。

【数据处理】

计算固体线膨胀系数及其不确定度：

$$\alpha_i = \frac{(n_i - n_0)b}{2DL(T_i - T_0)}$$

$$\bar{\alpha} = \frac{1}{k}\sum_{i=1}^{N}\alpha_i$$

$$\Delta\alpha_i = \sqrt{\left(\frac{\Delta_b}{b}\right)^2 + \left(\frac{\Delta_D}{D}\right)^2 + \left(\frac{\Delta_L}{L}\right)^2 + \frac{\Delta_{n_i}^2 + \Delta_{n_0}^2}{(n_i - n_0)^2} + \frac{\Delta_{T_i}^2 + \Delta_{T_0}^2}{(T_i - T_0)^2}} \cdot \bar{\alpha}_i$$

$$\Delta_{\bar{\alpha}} = \frac{1}{K}\sqrt{\sum_{i=1}^{K}\Delta_{\alpha_i}^2}$$

最终结果为

$$\alpha = \bar{\alpha} \pm \Delta_{\bar{\alpha}}$$

式中：$\Delta_b = 0.5$ cm；$\Delta_D = 5$ cm；$\Delta_L = 1$ mm；$\Delta_n = \Delta_{n_i} = \Delta_{n_0} = 0.5$ mm；$\Delta_T = \Delta_{T_i} = \Delta_{T_0} = 0.2$℃。

思 考 题

1. 为什么温度计的温度值必须与目镜中标尺刻度的值同时读出？否则，将对测试结果产生什么影响？

2. 调压器的电压调得太低或太高将产生什么影响？

第 3 章　综合设计创新性实验

- 气垫导轨实验中系统误差的分析及对测量结果的修正
- 力、电、光综合实验
- 密度小于水的固体密度的测量
- 验证牛顿第二定律
- 透明液体折射率的测量
- 黑白摄影与暗室技术

实验 3 – 1 气垫导轨实验中系统误差的分析及对测量结果的修正

【实验目的】

(1) 学会对气垫导轨实验中系统误差的分析及对测量结果的修正。

(2) 掌握气垫导轨与滑块之间黏性阻尼常量 b 的测量方法。

(3) 研究有黏性阻尼情况下物体的加速度。

【实验器材】

气垫导轨与滑块、气源、数字毫秒计、条形及 U 形挡光片、光电门、垫块、米尺等。

【实验原理】

1. 水平导轨黏性阻力对滑块运动的影响

气垫导轨是目前力学实验中一种较精密的仪器,在气垫导轨实验中,气垫对滑块产生漂浮作用,避免了容易引起实验误差的滑动摩擦力对实验结果的影响,但滑块在导轨上运动时受到的黏性内摩擦力,即滑块与导轨之间气体的内摩擦力是不可避免的,从而对滑块的运动产生一定的影响,造成附加的速度损失。由气体内摩擦理论知道,如果用 $F_{阻}$ 表示黏性摩擦阻力,则在滑块速度不太大时,可以认为 $F_{阻}$ 由下式决定

$$F_{阻} = \eta \frac{\Delta v}{\Delta d} A \qquad (3-1-1)$$

式中,$\frac{\Delta v}{\Delta d}$ 表示滑块和导轨之间气层的速度梯度;A 是滑块和导轨之间的面积,实际上就是滑块的内表面积;η 是空气的黏度系数。对导轨上的滑块而言,和导轨表面相接触处的气层定向运动速度为零,而和运动滑块底面相接触处的气层定向速度等于滑块定向运动速度,用 v 表示。Δd 表示滑块和导轨之间在垂直于导轨表面方向的气层厚度,也就是滑块在垂直于导轨表面方向的漂浮高度,用 h 表示。按照上面的说法,速度梯度可以改写为

$$\frac{\Delta v}{\Delta d} = \frac{v}{h} \qquad (3-1-2)$$

代入式(3 – 1 – 1)得

$$F_{阻} = \eta \frac{A}{h} v \qquad (3-1-3)$$

式(3 – 1 – 3)表示,在一定的实验条件(即恒定的气源、滑块和导轨)下,式中的 η、A、h 都是不变的常量,因此,可以认为黏性阻力 $F_{阻}$ 和滑块的速度 v 成正比,故式(3 – 1 – 3)可以写为

$$F_{阻} = bv \qquad (3-1-4)$$

式中,$b = \eta A/h$ 称为黏性阻尼常量,它在数值上等于滑块具有单位速度时,其所受的黏性阻力的大小。显然,黏性阻力是和滑块滑动摩擦力性质不同的另一种气体间的内摩擦力,它是随滑块速度线性变化的外力,而这种和滑块的速度线性相关的特性正是黏性阻力不同

于其他类型阻力的特点。下面我们对黏性阻尼常量 b 做进一步分析，设滑块在已调成水平的导轨上受黏性阻力 $F_{阻} = bv$ 的作用而运动，如图 3-1-1 所示，其运动方程为

$$m \frac{dv}{dt} = -F_{阻} = -bv \tag{3-1-5}$$

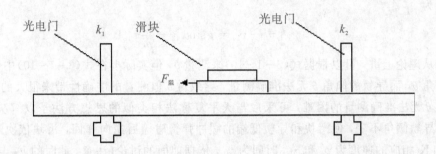

图 3-1-1

设滑块运动的边界条件为 $t = t_1$ 时，$x = x_1$，$v = v_1$；$t = t_2$ 时，$x = x_2$，$v = v_2$。求解式(3-1-5)为

$$\int_{v_1}^{v_2} dv = -\frac{b}{m} \int_{x_1}^{x_2} dx \tag{3-1-6}$$

即得

$$v_2 - v_1 = -\frac{b}{m}(x_2 - x_1) = -\frac{b}{m}S \tag{3-1-7}$$

式(3-1-7)表明，由黏性阻尼力作用所引起的滑块速度损失除与黏性阻尼常量 b 及滑块的质量 m 有关外，还与滑块的运动距离 S 成正比。通过式(3-1-7)可以得到

$$b = \frac{v_1 - v_2}{S}m \tag{3-1-8}$$

该式即为在水平导轨上测量黏性阻尼常量 b 的公式。

2. 倾斜导轨上黏性阻尼常量 b 对实验的影响

把导轨倾斜一个小角度 θ，如图 3-1-2 所示，滑块在沿斜面的分力 $mg\sin\theta$ 及黏性阻

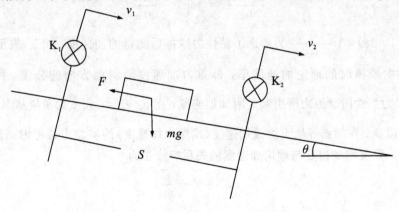

图 3-1-2

力 $F_{阻} = bv$ 的作用下的运动方程为

$$m \frac{\mathrm{d}^2 x}{\mathrm{d}t^2} = mg\sin\theta - bv \tag{3-1-9}$$

如以滑块通过第一个光电门作为计时起点，测出滑块通过第一个和第二个光电门 K_1 和 K_2 的速度为 v_1 和 v_2，由 K_1 到 K_2 的时间和距离分别为 t_{12} 和 x_{12}，则式（3-1-8）的解可写为

$$v_2 - v_1 = g\sin\theta t_{12} - \frac{b}{m} x_{12} \tag{3-1-10}$$

从理论上讲，可以根据式（3-1-10）来测量 b，但实际上在式（3-1-10）中包含了导轨的倾角 θ，而导轨的倾角 θ 无法准确测量，导致对 b 值测量的准确性带来很大的影响。为了解决 θ 无法准确测量的困难，可采取与天平复称法相类似的思想方法予以解决。实验中，保持导轨倾角不变，使滑块和导轨低端的缓冲弹簧碰撞后逆向弹回，滑块依次通过光电门 K_2 和 K_1 相应的速度为 v'_2 和 v'_1，时间为 t_{21}，依据前面的讨论（注意，此时的 $F_{阻}$ 与 $mg\sin\theta$ 同方向）有

$$v'_1 - v'_2 = -g\sin\theta t_{21} - \frac{b}{m} S \tag{3-1-11}$$

在式（3-1-10）及式（3-1-11）中，倾角 θ 是完全相同的，故联立两式可得

$$b = \frac{\left[(v'_2 - v'_1) t_{12} - (v_2 - v_1) t_{21}\right] m}{S(t_{12} + t_{21})} \tag{3-1-12}$$

式（3-1-12）即为在倾斜导轨上黏性阻尼常量 b 的测量公式。

该测量方法的优点在于：

① 不用把导轨调成水平，利用在同一倾角下滑块的下滑和上滑的两组测量数据，消除了难于精确测量的倾角 θ 的影响（这种方法也可以在类似的实验中应用）；

② 在式（3-1-12）中，除了两个光电门之间距离 S 外，其它各量都可以用光电门计时法准确测量，因而有较高的精度，从而保证了 b 测量的准确可靠。

3. 考虑黏性内摩擦阻力后对加速度值的修正

在倾斜导轨上测量匀加速直线运动的加速度的实验中（该实验也可以测量重力加速度），如果考虑黏性内摩擦力，则根据式（3-1-9）可得

$$\frac{v_2 - v_1}{t_{12}} = g\sin\theta - \frac{bS}{mt_{12}} \tag{3-1-13}$$

式（3-1-13）中，$\dfrac{v_2 - v_1}{t_{12}}$ 为考虑了黏性内摩擦后测得的加速度，用 a' 表示；$g\sin\theta$ 为不考虑黏性内摩擦时的理论加速度值，即重力加速度沿斜面方向的分量，用 $a_{理}$ 表示；$\dfrac{bS}{mt_{12}} = \dfrac{b}{m}\bar{v}$ 为黏性内摩擦力所引起的附加加速度，用 $a_{阻}$ 表示，而 $\bar{v}$ 为滑块从 K_1 到 K_2 的平均速度。所以说，在倾斜导轨上测量加速度（或重力加速度）的实验中若考虑到黏性内摩擦力的影响后，则实测加速度与理论加速度的关系应修正为

$$a_{理} = a' + \frac{b\bar{v}}{m} \tag{3-1-14}$$

即

$$g\sin\theta = \frac{v_2 - v_1}{t_{12}} + \frac{bS}{mt_{12}} \tag{3-1-15}$$

设导轨垫块厚度为 h，底角螺丝之间的距离为 L，则当 h 较小时有 $\sin\theta \approx \mathrm{tg}\theta = \dfrac{h}{L}$，将其代入式（3-1-15）得

$$g\frac{h}{L} = \frac{v_2 - v_1}{t_{12}} + \frac{bS}{mt_{12}}$$

或

$$g = \frac{(v_2 - v_1)L}{t_{12}h} + \frac{bSL}{mht_{12}} \tag{3-1-16}$$

利用式（3-1-16）可以计算重力加速度 g。

【实验内容】

1. 测量黏性阻尼常量 b

（1）把滑块放在气垫导轨中间，用底角螺丝把气垫导轨调成水平。（滑块此时应处于静止状态）

（2）用 U 型（$x = 3$ cm）挡光片，数字毫秒计选 S_2 挡，测量出滑块每次通过光电门的时间 t_1 和 t_2（可以利用数字毫秒计连续自动记录，但次序不要弄错）。要求每个量测量五次，把有关数据填入表 3-1-1，并根据式（3-1-8）计算 b 值及其不确定度。

表 3-1-1　测量数据

	t_1	$V_1 = x/t_1$	t_2	$V_2 = x/t_2$	$v_2 - v_1$	S	m
1							
2							
3							
4							
5							
平均	—	—	—	—		—	—

表 3-1-1 中只计算 $v_2 - v_1$ 绝对值的平均值，m 则用天平测出，b 的不确定度 Δ_b 可参考式（3-1-17）给出

$$\Delta_b = \sqrt{\left(\frac{\Delta_{v_2-v_1}}{v_2-v_1}\right)^2 + \left(\frac{\Delta_m}{m}\right)^2 + \left(\frac{\Delta_s}{s}\right)^2}\ \overline{b} \tag{3-1-17}$$

其中的 $\Delta_{v_2-v_1}$、Δ_s 可参考本书实验 1-3 中的有关公式计算，Δ_m 由实验室给出。b 的最终结果为

$$b = \overline{b} \pm \Delta_b \tag{3-1-18}$$

2. 测量重力加速度 g

（1）将调平的气垫导轨的一个底角加上垫块（$h = 2$ cm），使其倾斜一个小角度。

（2）用 U 型（3 cm）挡光片，数字毫秒计选 S_2 挡，使滑块从最高点由静止开始下滑，记录其通过两个光电门的时间 t_1 和 t_2（从而可以计算出 v_1 和 v_2）。

（3）用条形挡光片换下 U 型挡光片（注意，挡光片前沿位置不要改变），或把 U 型挡光

片开口处用其他物品挡住，使滑块从最高点由静止开始下滑，记录显示的即为滑块通过两个光电门所用的时间 t_{12}。

（4）根据式(3-1-16)可以计算重力加速度 g 的值及其不确定度 Δ_g，并和当地重力加速度的公认值 g 比较，评价此实验结果。

本实验中的每个数值需要测量五次，需要测量的量为① t_1、t_2（计算出 v_1、v_2、v_2-v_1）及其平均值和不确定度 $\Delta_{v_2-v_1}$；② 测量 t_{12}、S、h、L、m 并计算平均值及其不确定度。根据上述要求自行设计表格记录数据。最终结果应写成

$$g = \overline{g} \pm \Delta_g \qquad\qquad (3-1-19)$$

Δ_g 的参考公式如下：

$$\Delta_g = \left\{ \left[\left(\frac{\Delta_{v_2-v_1}}{v_2-v_1}\right)^2 + \left(\frac{\Delta_L}{L}\right)^2 + \left(\frac{\Delta_{t_{12}}}{t_{12}}\right)^2 + \left(\frac{\Delta_h}{h}\right)^2 \right] \left(\frac{(v_2-v_1)L}{t_{12}h}\right) \right.$$
$$\left. + \left[\left(\frac{\Delta_b}{b}\right)^2 + \left(\frac{\Delta_L}{L}\right)^2 + \left(\frac{\Delta_s}{S}\right)^2 + \left(\frac{\Delta_h}{h}\right)^2 + \left(\frac{\Delta_m}{m}\right)^2 + \left(\frac{\Delta_{t_{12}}}{t_{12}}\right)^2 \right] \left(\frac{bSL}{mht_{12}}\right)^2 \right\}^{\frac{1}{2}}$$

$\Delta_h = 0.05 \times 10^{-2} \text{m}$, $\Delta_t = 0.01 \times 10^{-3} \text{s}$, $\Delta_m = 0.01 \times 10^{-3} \text{kg}$

$\Delta_L = 0.2 \times 10^{-2} \text{m}$, $\Delta_s = 0.1 \times 10^{-2} \text{m}$

实验 3-2　力、电、光综合实验

【实验目的】

本实验为普通物理开放与综合设计性实验。通过学生自行设计实验方案和实验步骤，独立完成以下实验内容，达到培养学生综合运用多种实验方法解决较复杂实验测量问题的能力。

(1) 光学测量系统光学参数的测量。

(2) 细钢丝材料的杨氏模量 E 和电导率 ρ 的测量。

【实验器材】

1.5 m 光导轨一根、激光光源 2 个、孔屏 1 个、透镜 1 块、测微目镜 1 个、角度可调平面反射镜 1 个、杨氏模量仪 1 台、自组式双臂电桥测量系统 1 套、带有激光的二维透射衍射光栅 1 个、双棱镜 1 个、用于测量细钢丝线径 D 的样品 2 个以及夹具 1 个、中性减光片 1 个。

【仪器使用说明】

一、双臂电桥使用说明

在实际电路中，导线不是理想导体，存在电阻，称为"导线电阻"；接线点不是理想接触，存在电阻，称为"接触电阻"；二者统称为"等效电阻"，其阻值一般为 $10^{-2}\,\Omega \sim 10^{-5}\,\Omega$ 量级。

用单臂电桥（又称惠斯顿电桥）测量中等电阻时，忽略了等效电阻的影响。但在测量 1 Ω 以下的低电阻时，等效电阻相对被测电阻来说不可忽略。为避免等效电阻的影响，引入了四端引线法，组成了双臂电桥（又称开尔文电桥），这是一种常用的测量低电阻的方法。

1. 四端引线法

测量中等阻值的电阻，伏安法是比较容易的方法。惠斯顿电桥法是一种精密的测量方法，但在测量低电阻时都发生了困难，这是因为等效电阻的存在。

图 3-2-1 为伏安法测电阻的线路图，待测电阻 R_X 两侧接触电阻和导线电阻等效为等效电阻 r_1、r_2、r_3、r_4。通常电压表内阻较大，r_1 和 r_4 对测量的影响不大，而 r_2 和 r_3 与 R_X 串联在一起，被测电阻为 $r_2+R_X+r_3$。若 r_2 和 r_3 数值与 R_X 数量级相近，或超过 R_X，则显然不能用此电路来测量 R_X。

若在测量电路的设计上改为如图 3-2-2 所示的电路，则将待测低电阻 R_X 两侧的接点分为两个电流接点 C-C 和两个电压接点 P-P，C-C 在 P-P 的外侧。显然，电压表测量的是低电阻 P-P 两端之间一段（称有效长度）的电压，消除了 r_2、r_3 对 R_X 测量的影响。这种测量低电阻或低电阻两端电压的方法叫做四端引线法。低值标准电阻也是为了减小接

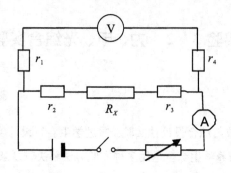

图 3-2-1　伏安法测电阻

触电阻和接线电阻而设有四个端钮。

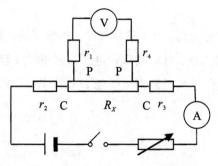

图 3-2-2　四端引线法测电阻

2. 双臂电桥测量低电阻

双臂电桥测量低电阻的电路图如图 3-2-3 所示，图中 r 是等效电阻。

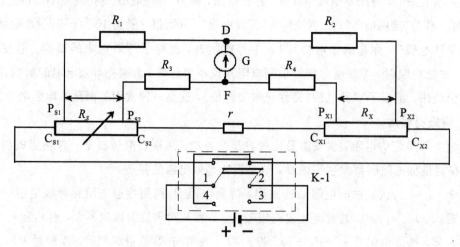

图 3-2-3　双臂电桥电路图

组装式双臂电桥包括：桥臂电阻 R_1、R_2、R_3、R_4；可变标准电阻 R_S；待测四端电阻 R_X；直流电源 E；直流检流计 G；电源换向开关 K-1；接线若干。实验仪器面板如图 3-2-4 所示。

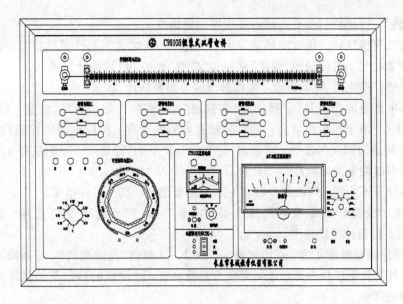

图 3-2-4　实验仪器面板图

3. 实验仪器的技术参数

(1) 桥臂电阻为 R_1、R_2、R_3 和 R_4，阻值可分别取 100 Ω、1000 Ω、10000 Ω 这三个值。

(2) 可变标准电阻 R_S 有 C_1、C_2、P_1、P_2 四个引出端，由 10×0.01 Ω＋10×0.001 Ω 组成，其中 10×0.001 Ω 是一个 100 分度的划线盘。

(3) 电源：1.5 V 输出，电流随负载阻抗的变化而不同，最大电流 1.5 A，由指针式 2 A 电流表指示输出电流大小。

(4) 电流换向开关 K-1，具有正向接通、反向接通、断三挡功能。

(5) 检流计，用于指示电桥是否平衡，灵敏度可调。灵敏度不要过高，否则不易平衡，导致测量时间过长。

(6) 总有效量程 0.0001～11 Ω，量程可自由设置。典型整数倍有效量程如表 3-2-1 所示。

表 3-2-1　典型整数倍有效量程

量程倍率 M	有效量程/Ω	测量精度/%
100	1～11	0.2
10	0.1～1.1	0.2
1	0.01～0.11	0.5
0.1	0.001～0.011	1
0.01	0.0001～0.0011	5

4. 操作步骤

(1) 如图 3-2-3 所示的接线，将被测电阻 R_X 及可调标准电阻 R_S 按四端连接法，与 R_1、R_2、R_3 和 R_4 连接，注意 C_{S2}、C_{X1} 之间要用粗连线。

(2) 将电流换向开关 K-1 置"断"状态，打开直流电源，打开检流计电源，预热 5 分钟。

(3) 调零：检流计量程开关打到"调零"挡，旋转"调零"旋钮，使检流计指针指零。

(4) 补偿：检流计量程开关打到"补偿"挡，旋转"补偿"旋钮，使检流计指针指零。

(5) 选择灵敏度：各挡灵敏度从低到高依次为"非线性"、"10 mV"、"3 mV"、"1 mV"、"300 μV"、"100 μV"、"30 μV"；为保护检流计指针不被打坏，检流计的灵敏度首先选择最低挡"非线性"，待电桥初步平衡后再逐步增加灵敏度。

（6）在改变检流计灵敏度或环境等因素变化时，有时会引起检流计指针偏离原位。因此在每次读数之前，都应调节"调零"旋钮和"补偿"旋钮，使检流计指零。

（7）旋转标准电阻 R_S 读数盘，使读数盘值为测量估计值。

（8）将电流换向开关 K－1 扳向"正向接通"，观察指针是否指零（注意：测量低阻时，工作电流较大，由于存在热效应，会引起被测电阻的变化，所以电源应该采用"跃接"法，即电源开关接通时间应尽量短，能看清指针"动"或"不动"即可，一般不超过 1 秒钟。每次通电后，要断电使被测电阻冷却 1 分钟后，再进行下次测量）。

（9）指针若不指零，则回到步骤（7）至（8）重复进行，直至指针指零。

（10）增加检流计灵敏度，重复步骤（6）至（9），直至灵敏度档位在"300 μV"或"100 μV"时，检流计指针指零。

（11）保持测量精度不变，将电流换向开关 K－1 扳向"反向接通"，重新微调划线读数盘，使检流计指针重新指在零位上，可视为电桥平衡，这样做的目的是消减接触电势和热电势对测量的影响。

（12）记录 R_1、R_2、R_3、R_4 和 R_S 的值及其灵敏度。

（13）把检流计量程开关打到"表头保护"挡。（本实验中，不用关闭检流计电源和直流电源）

二、光学与力学测量系统使用说明

1. 仪器装置图

仪器装置图如图 3－2－5 所示。

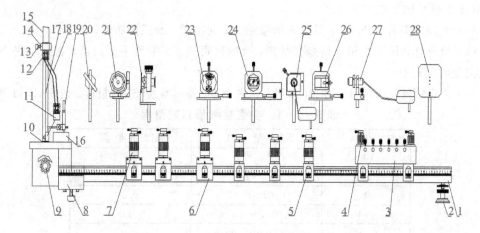

1—光导轨；2—光导轨支角；3—微调平台；4—平台专用滑座；5—一维滑座；6—二维可调滑座；
7—滑座高度调节旋钮；8—反射镜位置标尺；9—杨氏模量加力旋钮；10—绝缘套管；
11—四端接线与细丝卡线装置 1；12—四端接线与细丝卡线装置 2；13—上横梁锁紧钉；
14—上横梁；15—立杆；16—光杠杆可调整工作台；17—金属细丝；18—导线；19—反射镜；
20—角度可调平面反射镜；21—带有光栏的透镜；22—测微目镜；23—蜗轮式钢丝夹具装置；
24—双棱镜；25—半导体激光 1；26—可调狭缝；27—半导体激光 2；28—组合孔屏

图 3－2－5　光学与力学测量系统装置图

2. 仪器使用说明

（1）半导体激光 1：用于光路共轴调整、光路校准、提供光学测量基准、透镜焦距和曲率半径测量、波长测量、细丝直径等参数测量。

（2）半导体激光 2：用于给激光测距实验项目提供目标和测量光栅常数。

（3）测微目镜：用于测量光学成像大小、条纹和衍射花样大小等。

（4）细钢丝样品架：用于测量细丝线直径。

（5）微调平台：在光学导轨上用于光学器件的位置微调测量及功能扩展。

（6）杨氏模量仪：用于测量材料的力学参数杨氏模量 E。工作方式为旋钮连续加力模式，3 位半数显方式；施力范围为 $0\sim10$ kg。

【实验内容】

一、光学系统各参数的测量

1. 透镜焦距 f 的测量

测量原理：测量透镜焦距光路的示意图如图 3-2-6 所示。在透镜共轴情况下，首先使透镜横向移动离轴，光线经透镜折射后由位于其后的平面镜反射，光线再次经透镜回到孔屏上，通过调整透镜、孔屏和平面镜彼此之间的距离，使光线回到孔屏的小孔中形成光线闭合，根据物像同心光束共轴变换和光路可逆，小孔与平面镜上的光线交点可视为等效的物、像，利用透镜成像公式 $\dfrac{1}{f}=\dfrac{1}{u}+\dfrac{1}{v}$ 测量透镜焦距。

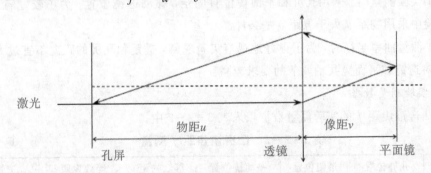

图 3-2-6　测量透镜焦距光路示意图

2. 曲率半径 R 和折射率 n 测量

测量原理：在光路严格共轴实验条件下，利用透镜第一球表面反射（凹面镜成像）自准直成像测出球面曲率半径 R。测量曲率半径和折射率光路的示意图如图 3-2-7 所示，在平面镜和透镜准直情况下，调整平面镜到透镜距离，当第一球面（此时为凹面镜）处于自准直时，二次像处于球心，此时光轴上的像距 s' 等于曲率半径，即 $R=s'$。测量公式推导如下：由于物象处于透镜同侧，故成像公式为 $\dfrac{1}{s}-\dfrac{1}{s'}=\dfrac{1}{f}$，根据平面镜成像性质，其中轴上物距 $s=L-(f-L)=2L-f$，代入透镜成像公式，得到 $R=s'=\dfrac{f(2L-f)}{2(f-L)}$。

1）实验操作步骤

（1）光导轨上前后移动孔屏，调整激光使其始终通过孔屏上小孔，保证激光平行光导轨。

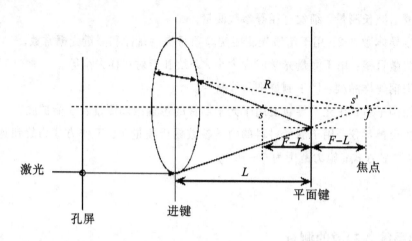

图 3-2-7　测量曲率半径和折射率光路示意图

（2）在靠近光源位置固定孔屏，放上平面反射镜，调整平面镜的方向，利用自准直方法使激光从原路返回，保证平面镜垂直激光。

（3）在孔屏与平面镜之间放入透镜，利用自准直方法，调整透镜的方位和左右高度位置，使其前后表面反射光重合并返回孔屏的小孔，同时激光垂直过透镜中心方向不变，确保共轴。

（4）调整滑块上水平方向，微调，使透镜水平方向离轴适当距离，在保证实验现象明显、观察方便的基础上，保证近轴成像条件成立，注意离轴距离要大小适当。

（5）实验测量时，采用孔屏和平面镜位置固定，移动透镜位置。为了较好满足近轴成像，实验中采用物距 u 大于像距 v 的条件。

（6）测量曲率半径时，为了更好地观察实验现象，透镜和孔屏的距离不宜过大。注意，本测量对透镜和平面镜共轴调节的要求较高。

2）实验测量数据

将凸透镜焦距 f 的实验测量数据填入表 3-2-2 中。

表 3-2-2　凸透镜焦距 f 测量　　　　　　　　　　　　　　单位：cm

次数	孔屏位置	透镜位置	平面镜位置	等效物距 u	等效像距 v	透镜焦距
2						
3						
4						
5						
均值						

焦距 f 测量公式为

$$f = \frac{u \times v}{u + v}$$

将凸透镜曲率半径 R 及折射率 n 的实验测量数据填入表 3-2-3 中。

表 3-2-3　凸透镜曲率半径 R 及折射率 n 测量　　　　　单位：cm

次数	孔屏位置	透镜位置	平面镜位置	透平距离 L	曲率半径 R	折射率 n
1						
2						
3						
4						
5						
均值						

曲率半径测量公式为

$$R = \frac{f(2L-f)}{(2f-2L)}$$

由 $f = \dfrac{1}{(n-1) \times \left(\dfrac{1}{R_1} - \dfrac{1}{R_2}\right)} = \dfrac{R}{2(n-1)}$，得 $n = \dfrac{R}{2f} + 1$。

3. 激光波长的测量

1）双棱镜干涉测量原理

菲涅耳双棱镜如图 3-2-8 所示，楔角很小，棱与端面垂直。图 3-2-9 是双棱镜干涉光路示意图。激光 M 的光束通过扩束镜 L_1，均匀的照射在可调狭缝 S 上形成线状光源，狭缝射出的光波，通过双棱镜 B 后，波前被分割成两部分，各自向两个不同的方向传播，相当于两个相干的虚光源 S_1 和 S_2 所发出的柱面波，在它们相互叠加的区域内发生干涉，屏上可观察到与狭缝平行的等间距明、暗交替的干涉条纹。为了获得足够多的清晰条纹，狭缝的宽度和两个虚光源的距离不能太大，后者要求双棱镜 B 的楔角要小（一般小于 $1°$）。

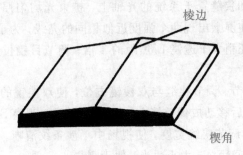

图 3-2-8　菲涅耳双棱镜

图 3-2-9 中，d 为两个虚光源 S_1 和 S_2 间的距离，D 为虚光源 S_1 和 S_2 所在平面（近似在狭缝平面）至观测屏间的距离。若干涉条纹宽度为 Δx，则实验中所用光源的波长 λ 可由下面的式（3-2-1）给出

$$\lambda = \frac{d}{D}\Delta x \tag{3-2-1}$$

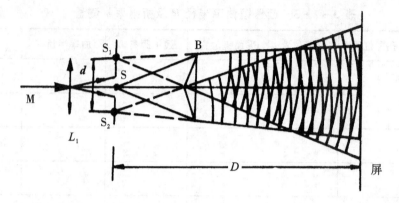

图 3-2-9   双棱镜干涉光路示意图

由于干涉条纹宽度 Δx 很小，故实验中使用测微目镜进行测量，此时，观测屏位于测微目镜的焦平面（分划板）处。公式中的 d 值可利用透镜二次成像进行测量：在双棱镜与测微目镜之间放置焦距为 f 的凸透镜 L_2，当 $D>4f$ 时，前后移动透镜，可以在两个不同位置上利用测微目镜分别观测到虚光源 S_1、S_2 的一个放大的和一个缩小的实像，若测得的放大实像间距为 d_1、缩小的实像间距为 d_2，则两个虚光源之间的距离 d 为

$$d=\sqrt{d_1 d_2} \qquad (3-2-2)$$

2）实验步骤

（1）光路共轴调节。光源和透镜共轴调节的方法同上，实验装置如图 3-2-10 所示。

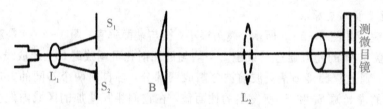

图 3-2-10   光路共轴调节实验装置

依次将扩束镜 L_1 和狭缝置于系统的光轴上，扩束光均匀照亮狭缝，然后放入双棱镜 B，调节其高低左右，使屏上出现两个强度近似相同的亮线；为了能二次成像，测微目镜与狭缝间的距离 D 应保证稍大于透镜 L_2 焦距的 4 倍；调节目镜位置使 S_1、S_2 的像位于视野中心部分。

（2）干涉条纹的调节。调节狭缝与双棱镜方位，使双棱镜的棱与狭缝准确平行，扩束镜和狭缝距离适当。前后移动成像透镜 L_2，通过测微目镜观察 S_1、S_2 所形成的大、小像两侧亮度均匀。取下 L_2，调节狭缝宽度，使视场中干涉条纹清晰。适当调节狭缝与双棱镜之间的距离，使干涉条纹间距 Δx 大小适当，便于测量。

（3）条纹间距 Δx 的测量。调节测微目镜，使其分划板上的双线平行干涉条纹。转动测微目镜鼓轮，仔细观察叉丝移动方向是否与干涉条纹垂直，如不垂直，则松开目镜紧固螺丝，调整目镜方位，保证测量为干涉条纹间的垂直距离。测量若干条纹间距总宽度，然后求出 Δx，并记录干涉距离 D。

（4）光源间距 d 的测量。适当选择测微目镜与狭缝距离，将成像透镜 L_2 置于光路中，满足大于透镜焦距的 4 倍，用二次成像法分别测出虚光源 S_1、S_2 的大、小实像 d_1 和 d_2，代入式(3-2-2)求出 d 值。

3) 注意事项

(1) 本实验误差的主要来源于对光源间距 d 的测量，光路共轴调节的好坏对激光波长测量是否准确至关重要。两次成像的大小不能相差太大。

(2) 旋转测微目镜鼓轮时要轻、慢，并注意视场中读数范围，若测量双线已达到读数一端时，就要十分小心，不可再旋，以免损坏测量部件。

(3) 用测微目镜进行测量时，要考虑回程差影响，鼓轮要单向旋转。

4) 实验测量数据

将干涉条纹间距的实验测量数据填入表 3-2-4 中。

表 3-2-4　干涉条纹间距测量(20 个间距)　　　　　单位：mm

次数	条纹起始 x_1	条纹结束 x_2	条纹间距 $\Delta x = (x_2 - x_1)/20$
1			
2			
3			
4			
5			
均值			

相干光源间距 d 的实验测量数据如表 3-2-5 所示。

表 3-2-5　相干光源间距 d 的测量　　　　　单位：mm

次数	放大像测量			缩小像测量			光源间距 d
	左侧像	右侧像	像大小 d_2	左侧像	右侧像	像大小 d_1	
1	4.162	6.558	2.396	4.118	5.220	1.102	1.625
2	4.146	6.536	2.390	4.112	5.210	1.098	1.620
3	4.249	6.647	2.398	4.110	5.225	1.115	1.635
4	4.209	6.601	2.392	4.118	5.220	1.102	1.624
5	4.205	6.603	2.398	4.110	5.211	1.101	1.625
均值			2.395			1.104	1.626

激光波长测量计算结果为

$$\lambda = \frac{d}{D}\Delta x$$

激光波长的计算如表 3-2-6 所示。

表 3 - 2 - 6　计算激光波长

目镜位置/mm	狭缝位置/mm	干涉距离 D/mm	波长/nm
367.7	1288.5	920.8	658.4

4. 双棱镜楔角测量

透镜与双棱镜材料相同，折射率同为前面已测量透镜的折射率 $n=1.47$。

实验中将双棱镜与狭缝同置于可微调测量位置的小平台上，两者的距离 l 在平台上测出。

双棱镜楔角测量公式为 $\alpha = \dfrac{d}{2(n-1)l}$；计算如表 3 - 2 - 7 所示。

表 3 - 2 - 7　计算棱镜楔角

双棱镜位置/mm	狭缝位置/mm	距离 l/mm	棱镜楔角/弧度	棱镜楔角/分
15.4	164.0	148.6	0.0116	40.01

5. 细钢丝样品直径 d_3 的测量

1) 测量方法

夫琅和费衍射要求衍射缝与光源、接收屏间的距离为无限远，如图 3 - 2 - 11 所示。根据惠更斯—菲涅耳原理，狭缝上各点可以看成是向各方向发出新的球面次波源，这些次波源经过透镜 L_2 成像在后焦面的屏幕上，形成一组明暗相间的条纹。当采用发散角较小的激光，且衍射花样与缝的距离较大，满足远场条件时，透镜 L_1 和透镜 L_2 可省略。

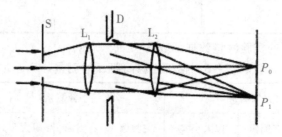

图 3 - 2 - 11　夫琅和费衍射

单缝衍射花样的光强分布公式为

$$I_\theta = I_0 \frac{\sin^2 u}{u^2} \qquad u = \frac{a\pi\sin\theta}{\lambda}$$

式中，a 为缝宽，θ 为衍射角，λ 为所用单色光的波长。当 $\theta=0$，即 $u=0$ 时，光强度为最大值，$I_\theta = I_0 = (ca)^2$。当 $u = k\pi(k\pm1, \pm2, \cdots)$ 时，$\sin\theta = k\lambda/a$ 对应位置为暗条纹。由于实际上 θ 角很小，因此可以近似地认为暗条纹处在 $\theta = k\lambda/a$ 的位置上。根据夫琅和费衍射理论和巴比涅互补原理，当细光束照射在细丝上时，衍射图样与同宽度的狭缝所产生的衍射条纹效果相同。可用单狭缝衍射公式，通过测量相邻暗条纹的间距 Δx 和衍射距离 D 来计算细丝直径：

$$d = \frac{\lambda}{\theta}$$

式中，d 为细丝直径，$\theta = \dfrac{\Delta x}{D}$。

2）实验步骤

在激光前放入中性减光片，调节细钢丝与光源距离至适当，并左右横移调整对准光束，测微目镜尽量远离细钢丝，增加衍射距离，横向调节目镜位置略微偏移一些，避开主极大衍射的强光，选择易于观察的多条（4 个间距）次级衍射条纹进行条纹间距测量。

3）实验测量数据

细钢丝样品直径 d_3 的测量实验数据记录如表 3 - 2 - 8 所示。

表 3 - 2 - 8　细钢丝样品直径 d_3 测量

$\lambda = 658.4$ nm　　　　单位：mm

次数	初始值	终止值	差值/4＝条纹间距 Δx	细丝位置	目镜位置	衍射距离 D	细丝直径 d_3
1	0.215	7.627	1.853	1263.8	401.6	862.2	0.3064
2	0.195	7.638	1.861	1263.8	401.6	862.2	0.3051
3	0.197	7.585	1.847	1263.8	401.6	862.2	0.3073
4	0.193	7.660	1.867	1263.8	401.6	862.2	0.3041
5	0.210	7.633	1.856	1263.8	401.6	862.2	0.3059
均值			1.857			862.2	0.3058

细钢丝样品直径 d_3 的测量公式为

$$d_3 = \frac{\lambda D}{\Delta x}$$

6. 天花板顶棚到光轴的距离 H 和光栅常数 d 的测量

1）测量方法

用光学测微目镜和透镜组成望远测距系统，测量光路如图 3 - 2 - 12 所示。

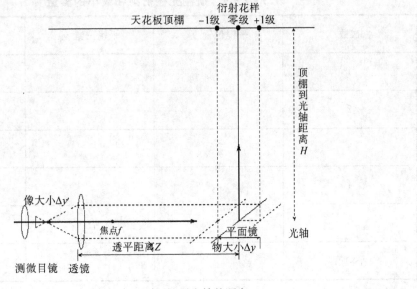

图 3 - 2 - 12　测顶棚到光轴的距离

调平面镜与光轴成 45°，测量天花板顶棚上光栅－1级～＋1级衍射花样在测微目镜所成像的大小 $\Delta y'$ 和透镜与平面镜的距离 Z，将测微目镜中叉丝调到视场中心（即光轴位置），通过在平台上微调移动 45°平面镜，当光栅－1级～＋1级衍射花样分别对准中心叉丝时，记录平面镜在平台的位置，测量出光栅－1级～＋1级衍射花样在顶棚物的大小 Δy。利用透镜横向倍率成像公式（可由成像公式推导出）$X = \dfrac{\Delta y \times f}{\Delta y'}$ 得到 X，其中 X 为透镜焦点到顶棚衍射花样的距离，f 为透镜焦距。顶棚到光轴的距离为 $H = X - (Z - f)$。根据光栅衍射方程 $\lambda = d\sin\theta$（d 为光栅常数），$\theta = \Delta y / H$（当角度 θ 较小时，$\sin\theta \approx \theta$，可得光栅常数 $d = \dfrac{\lambda \times H}{\Delta y}$。

2）实验操作步骤

（1）调整使激光高度与杨氏模量仪的高度相匹配，然后放入成像透镜，仔细调整所有光学测量器件的共轴，方法与前相同。利用导轨上的激光进行准直调整，保证反射光点回到孔屏小孔和透射光在顶棚的位置不变，完成透镜共轴调整。测微目镜共轴调整的方法同上。

（2）调整平面镜高度保证光线入射到平面镜俯仰角度调整的转轴上，与光轴调成 45°。调整衍射光栅光源高度与光轴同高。调整测微目镜与透镜之间的距离使顶棚光栅衍射成像清晰，与叉丝间无视差，移动平台上平面镜的位置，使顶棚衍射光栅的 2 个不同衍射级的像点分别与目镜中心的叉丝重合，分别读出对应平面镜所处的位置，得到衍射光栅在顶棚的目标物的大小 Δy。

（3）测量目镜中衍射像的大小 $\Delta y'$，记录透镜和平面镜的位置，得到透镜与平面镜的距离 Z。

3）实验测量数据

将顶棚光栅衍射物大小的实验测量数据填入表 3－2－9 中。

表 3－2－9　顶棚光栅衍射物大小的测量　　　　　　　　单位：mm

次数	平镜位置 y_1	平镜位置 y_2	物大小 Δy
1			
2			
3			
4			
5			
平均值			

将光轴到顶棚的距离 H 的实验测量数据及计算结果填入表 3－2－10 中。

表 3 - 2 - 10　光轴到顶棚的距离 H 测量数据及计算结果

透镜焦距 $f = 133.1$(mm)　　　单位：mm

次数	测量透镜、平面镜距离 Z			顶棚衍射物大小 Δy	测量实像大小 $\Delta y'$			顶棚到光轴距离
	透镜位置	平面镜位置	透、平镜距离 Z	物大小 Δy	初值 $\Delta y_1'$	末值 $\Delta y_2'$	像大小 $\Delta y'$	H
1								
2								
3								
4								
5								
均值								

光轴到顶棚的距离 H 的测量公式为

$$H = f \times \Delta y / \Delta' - Z + f$$

光栅常数 d 的实验测量数据如表 3 - 2 - 11 所示。

表 3 - 2 - 11　光栅常数 d 测量

波长 $\lambda = 658.4$(nm)　　　单位：mm

一级衍射大小 Δy	光轴顶棚距离 H	衍射角 $\theta = \Delta y / H$	光栅常数 d
72.4	2209	0.03278	0.0201

光栅常数 d 的测量公式为

$$d = \frac{\lambda \times H}{\Delta y}$$

二、细钢丝材料电学参数的测量

1. 四端接入双臂电桥测量低电阻原理

双臂电桥电原理图如图 3 - 2 - 13 所示，图中标定电流方向。当电桥平衡时，$I_G = 0$，根据基尔霍夫定律可得

$$\left. \begin{array}{l} I_1 R_1 = I_3 R_X + I_2 R_3 \\ I_1 R_2 = I_3 R_S + I_2 R_4 \\ (I_3 - I_2) r = I_2 (R_3 + R_4) \end{array} \right\}$$

联立求解，得

$$R_X = \frac{R_1}{R_2} R_S + \frac{r R_4}{R_2 + R_4 + r} \left(\frac{R_1}{R_2} - \frac{R_3}{R_4} \right)$$

当 $\dfrac{R_1}{R_2} = \dfrac{R_3}{R_4}$ 时，r 对测量 R_X 没有影响，则得 R_X 的最简式为

$$R_X = \frac{R_1}{R_2} R_S$$

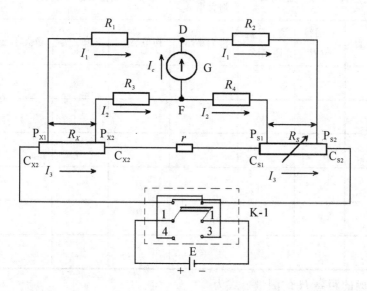

图 3-2-13　双臂电桥电原理图

2. 测量双臂电桥上标准细钢丝 L_1 的电阻 R_{X1}

实验操作步骤：

(1) 将被测电阻 R_{X1} 及可调标准电阻 R_S 按四端连接法与 R_1、R_2、R_3 和 R_4 连接，注意 C_{X2}、C_{S1} 之间要用粗短连线。

(2) 将电流换向开关 K-1 置"断"状态，打开直流电源，打开检流计电源，预热 5 分钟。

(3) 调零。

(4) 补偿。

(5) 检流计的灵敏度首先选择最低档"非线性"，待电桥初步平衡后再逐步增加灵敏度。

(6) 电桥调节平衡后，在读取测量电阻值之前应调节"调零"旋钮和"补偿"旋钮，使检流计指零。

(7) 旋转标准电阻 R_S 读数盘，使读数盘的值为测量估计值。

(8) 将电流换向开关 K-1 扳向"正向接通"，观察指针是否指零。（每次通电不超过 1 秒钟。每次通电后，要断电使被测电阻冷却 1 分钟后再进行下次测量。）

(9) 指针若不指零，则回到步骤(7)～(8)重复进行，直至指针指零。

(10) 增加检流计灵敏度，重复步骤(6)～(9)，直至灵敏度挡位为"100 μV"时，检流计指针指零。

(11) 保持测量精度不变，将电流换向开关 K-1 扳向"反向接通"，重新微调划线读数盘，使检流计指针重新指在零位上，这样做的目的是消减接触电势和热电势对测量的影响。

(12) 记录 R_1、R_2、R_3、R_4 和 R_S 的值及灵敏度于表 3-2-12。

(13) 把检流计量程开关打到"表头保护"挡，关检流计电源，关直流电源。

表 3 - 2 - 12　测量金属丝 L_1 的电阻 R_{X1} 　　　　　单位：Ω

次数	R_1 和 R_3	R_2 和 R_4	$M= R_1/R_2$	R_S	电阻 R_{X1}	灵敏度（量程挡）	平衡时检流计的读数
1	10000	100	100				0
2	10000	100	100				0
3	10000	100	100				0
均值							

3. 测量待测金属丝 L_2 的电阻值

测量杨氏模量仪铁架上的待测金属丝 L_2 的电阻值 R_{X2}，如表 3 - 2 - 13 所示。

表 3 - 2 - 13　测 L_2 的电阻 R_{X2}　　　　　单位：Ω

次数	R_1 和 R_3	R_2 和 R_4	$M= R_1/R_2$	R_S	电阻 R_{X2}	灵敏度（量程挡）	平衡时检流计的读数
1	10000	100	100				0
2	10000	100	100				0
3	10000	100	100				0
均值							

4. 计算细钢丝 L_2 的长度值

由 $R_{X1} = \rho \dfrac{L_1}{S}$, $R_{X2} = \rho \dfrac{L_2}{S}$；可得

$$L_2 = \frac{R_{X2}}{R_{X1}} L_1$$

5. 细钢丝电阻率 ρ 计算

$$\rho = \frac{R_{X2} \times S}{L_2}$$

式中，S 为细钢丝截面积。

三、细钢丝杨氏模量 E 的测量

1. 测量金属丝 L_2 的伸长量 ΔL

1）光杠杆测量光路图及公式推导

由于 ΔL 的量值很小，故需用光杠杆法测量。如图 3 - 2 - 14 所示，当金属丝在力的作用下伸长 ΔL 时，光杠杆的后足也随之下降 ΔL，平面反射镜旋转 θ 角。当 $\Delta L \ll b$ 时，有

$$\theta = \frac{\Delta L}{b} \tag{3-2-3}$$

其中，b 是光杠杆的后足至两前足连线的距离。

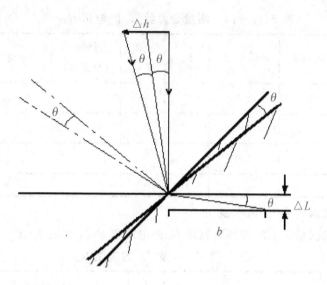

图 3-2-14 光杠杆示意图

2) 细钢丝 L_2 的伸长量 ΔL 与其他量的关系

利用凸透镜和测微目镜组成望远测距系统测量伸长量 ΔL。如图 3-2-15 所示，顶棚衍射光栅所形成的标记位置为 h_1，加力后细钢丝伸长带动平面反射镜转动 θ 角，根据光的反射定律，反射线将旋转 2θ 角，前面同一光栅衍射标记移动到的新位置为 h_2，移动距离 $\Delta h = h_1 - h_2$，当 $\Delta h \ll H$ 时，有

$$2\theta = \frac{\Delta h}{H} \tag{3-2-4}$$

其中，H 是光轴至顶棚光栅衍射花样的距离。

其中，$\Delta h = h_1 - h_0$。由于 Δh 是在顶棚上的，所以无法直接测出，但可以通过透镜在测微目镜上成的像 $\Delta h'$ 测出。首先，调整目镜叉丝对准开始加力前的目标位置，然后移动目镜叉丝对准加力后目标移动到的新位置，测量得到 $\Delta h'$，利用公式 $\Delta h = (H+Z-f)*\Delta h'$ 可得到 Δh。

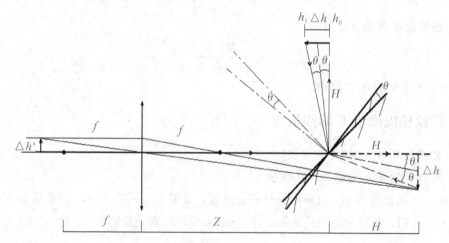

图 3-2-15 光学望远测距系统测量伸长量 ΔL

由式(3-2-3)、式(3-2-4)确定伸长量为

$$\Delta L = \frac{b\Delta h}{2H}$$

3）实验测量数据

实验测量数据记录在表 3-2-14 和表 3-2-15 中。

表 3-2-14　细钢丝增减拉力后像位移量 $\Delta h'$ 的测量　　　　单位：mm

	增细丝拉力/kg	加力像位置 h_1'	减细丝拉力/kg	减力像位置 h_2'	$h' = (h_1' + h_2')/2$	像大小 $\Delta h'$
第一组						
平均值						

表 3-2-15　目标物位移量 Δh 的计算　　　　单位：mm

透镜位置	平面镜位置	透、平镜距离 Z	顶棚到光轴距离 H	透镜焦距 f	像大小 $\Delta h'$	物大小 Δh

计算公式：$\Delta h = (H + Z - f) * \Delta h'/f$。

细丝伸长量 $\Delta L = b\theta$；$2\theta = \dfrac{\Delta h}{H}$；$\Delta L = \dfrac{b\Delta h}{2H}$。

2. 杨氏模量测量公式

长度为 L、横截面积为 S 的均匀金属丝，受到沿长度方向上的外力 F 作用时，伸长量为 ΔL，在弹性形变的限度内，根据胡克定律，其受到的拉伸应力 F/S 与伸长的应变 $\Delta L/L$ 成正比，即

$$\frac{F}{S} = E\frac{\Delta L}{L}$$

其中，E 为杨氏模量，即

$$E = \frac{FL}{S\Delta L}$$

将测量数据填入表 3-2-16 中，并计算细丝的杨氏模量。

表 3-2-16　细钢丝杨氏模量计算结果　　　　单位：m

光杠杆长 b	细丝长 L	细丝线径 d_3	细丝伸长量 ΔL	细丝杨氏模量 $E/(\text{N/m}^2)$

实验 3-3 密度小于水的固体密度的测量

本书实验 1-2 中已经做过密度大于水的固体密度的测量,而对于密度小于水的固体密度的测量,可采用类似的方法进行。

【实验目的】

(1) 掌握物理天平的原理及使用方法。
(2) 学会测量形状不规则物体(蜡)密度($\rho_2 < \rho_水$)的方法。

【实验器材】

铁块、蜡、物理天平、烧杯、细丝、水等。

【实验内容】

(1) 根据给定的仪器与用具自行设计实验方案,包括:简述实验原理;推导密度计算公式;拟定实验步骤等。
(2) 推导蜡的密度的正确公式,使用物理天平测量所需数据。
(3) 撰写完整的实验报告,并给出蜡的密度和不确定度。

提示:

(1) 可以利用浮力公式消去体积 V 的方法来推导计算密度的公式,使密度公式中只含质量 m 和常数,从而使测量结果更精确。
(2) 测量蜡的密度时,可以将蜡拴上重物(如铁块)后进行测量,公式推导可以仿照实验 1-2 中的推导进行。

思　考　题

本实验忽略了空气浮力的影响,若考虑物体在空气中所受到的浮力,则公式应如何修正?

实验 3 - 4　验证牛顿第二定律

【实验目的】

（1）学会使用气垫导轨和光电计时系统。
（2）设计和掌握验证牛顿第二定律的方法。
（3）通过自行安装、调整仪器，培养和提高动手能力。

【实验器材】

气垫导轨、电脑计时器、垫块、各种挡光片、砝码等。

【实验内容】

（1）自行设计和安排好实验方案、实验过程。
（2）自己动手组装并调试仪器。

提示：

物体受到外力作用时，物体所获得的加速度的大小与合外力的大小成正比，并与物体的质量成反比；加速度的方向与合外力的方向相同。这就是牛顿第二定律，写成数学表达式为

$$F = ma$$

可以从两方面证明牛顿第二定律：

（1）物体质量一定时，所获得的加速度与合外力成正比，即

$$a \propto F$$

（2）物体所受外力一定时，所获得的加速度与物体的质量成反比，即

$$a \propto \frac{1}{m}$$

思 考 题

1. 如何保证实验中物体的质量保持不变？
2. 如何保证实验中物体所受的力保持不变？

实验 3 - 5　透明液体折射率的测量

液体折射率的测定方法很多,如全反射法、全偏振法、利用布儒斯特定律等。对于透明液体的折射率还可以用折射法、由杨氏双缝干涉原理制作的瑞利干涉仪法、等倾干涉法和等厚干涉法等。利用等厚干涉法测定透明液体折射率的装置又有多种,如牛顿环、劈尖等。本实验用劈尖干涉法来测定透明液体的折射率。

【实验目的】

(1) 研究利用劈尖测量透明液体折射率的方法。
(2) 通过自行安装、调整仪器,培养和提高动手能力。

【实验器材】

读数显微镜、劈尖、钠光灯、透明液体等。

【实验内容】

(1) 自己安排好实验方案,自己动手组装并调整仪器。
(2) 测出透明液体的折射率。

提示:

在薄膜干涉中,薄膜厚度相同处的上下表面的两反射光的光程差相同,干涉情况相同,因此,形成的干涉条纹是膜厚相同点的轨迹,这种干涉称为等厚干涉。劈尖的干涉现象属于等厚干涉。

取两块光学平面玻璃,一端搭接另一端时夹一个细丝或微小物体就构成一个空气劈尖。若空气劈尖中滴入 1~2 滴透明液体,则构成该液体的劈尖。用单色平行光(如钠光)垂直入射在劈尖上,即可通过读数显微镜观测到该劈尖的干涉条纹,并可测量条纹间距。

根据薄膜干涉原理,对有透明液体的劈尖其两相邻明纹或暗纹的间距为

$$b = \frac{\lambda}{2n\sin\theta} \approx \frac{\lambda}{2n\theta} \qquad (3-5-1)$$

式中:n 为透明液体的折射率;θ 为劈尖的夹角;λ 为单色平行光的波长。

对空气劈尖其两相邻明纹或暗纹的间距为

$$b' = \frac{\lambda}{2\sin\theta} \approx \frac{\lambda}{2\theta} \qquad (3-5-2)$$

由式(3-5-1)和式(3-5-2)可知,被测透明液体的折射率与条纹间距之间的关系为

$$n = \frac{b'}{b}$$

实验时,分别测出 b 和 b',即可算出透明液体的折射率 n。

为了减小测量误差,可以分别测出两种干涉条纹的 N 个条纹间距 L 和 L',则

$$n = \frac{L'}{L}$$

思　考　题

1. 实验时，劈尖角大些好还是小些好？为什么？

2. 实验中，若十字叉丝中纵叉丝没有和条纹平行，则测得的条纹间距比实验间距偏大还是偏小？对实验是否有影响？

实验 3－6　黑白摄影与暗室技术

【实验目的】

（1）用普通 135 照相机及全色胶卷拍摄人像或景物并冲洗胶片。

（2）利用白化、黑化等暗室技术各制作一张高调和低调的摄影作品。

（3）使学生进一步掌握黑白摄影和暗室技术。

【实验器材】

普通 135 照相机、全色胶卷、负片显影液、相纸显影液、定影液、放大机等。

【实验内容】

（1）5～6 人组成一个小组，每人自行设计拍摄方案并拍摄 5～6 张照片（要求详细记录拍摄细节）以供选择。

（2）冲洗胶片。

（3）各制作一张本人拍摄的高调和低调的摄影作品。

（4）撰写实验报告。

提示：

（1）高调是由大块的白、灰和极少量的黑灰影调构成，画面清新、明快、充满活力。要点与做法：① 选择适合制作高调的负片；② 运用局部遮挡技法，控制曝光；③ 选用合适的遮挡板。

（2）低调与高调相反，是由大块的黑、灰和极少量的白构成。通过低调处理，可压低杂乱背景的影纹层次，使其影调浓郁、刚劲有力、艺术感强。要点与做法：曝光要充足，在暗部和亮部都不损失层次的前提下影调尽可能的深一些，充分表现出低调的特点。

第 4 章　微机数字实验

- 用自由落体法测定重力加速度
- 单缝衍射的光强分布
- 微机普朗克常量的测定
- 微机牛顿环测透镜的曲率半径
- 虚拟仿真实验系列

实验 4 - 1　用自由落体法测定重力加速度

【实验目的】

(1) 用自由落体法测定重力加速度。

(2) 练习用逐差法进行数据处理。

【实验器材】

自由落体实验仪、金属架、光电门(2 个)、电磁铁、计算机(每十组一套)。

自由落体实验仪装置如图 4 - 1 - 1 所示，主要由支柱、电磁铁、光电门组成。

图 4 - 1 - 1　自由落体实验仪

带有标尺的支柱下端固定在三脚支架上，三脚上分别装有可调高低的调平螺丝。支柱上端有一个电磁铁，电磁铁通电时可以吸住一个小铁球，切断电源，铁球下落做自由落体运动。另外，在直立的金属支柱上还装有可以上下移动的两个光电门。光电门由一个小的聚光灯泡和一个光敏管组成，并和控制电路及计算机相接。聚光灯泡对准光敏管，光敏管前面有一个小孔可以感受光照，如图 4 - 1 - 2 所示。

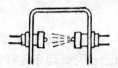

图 4-1-2　光电门

本实验中，计算机会自动记录下各组中每次小球下落经过光电门 1 和光电门 2 所用的时间 t，单位为秒。

【实验原理】

由于重力作用，物体做匀加速直线运动时满足：

$$h = v_0 t + \frac{1}{2} g t^2 \tag{4-1-1}$$

式中，h 为在时间 t 内物体下落的距离，v_0 为物体的初速度，g 为当地的重力加速度。只要测出 h、t 及 v_0，则由式(4-1-1)即可求出 g。但由于在实验中切断电源开始"计时"时，磁铁会有剩余磁性，小球不一定立刻下落，并且也很难测定，所以会给结果带来较大测量误差。为了减小误差，提高精确度，我们采用以下方法：

将两个光电门 1 和 2 固定在一定的位置，使两者之间距离为 h_1，并测出小球通过 h_1 所用的时间 t_1；然后保持光电门 1 的位置不变，下移光电门 2，再测出 1、2 两者之间的距离 h_2，并测出小球通过 h_2 的时间 t_2。设小球两次经过光电门 1 时的速度为 v_0，由式(4-1-1)可得

$$h_1 = v_0 t_1 + \frac{1}{2} g t_1^2$$

$$h_2 = v_0 t_2 + \frac{1}{2} g t_2^2$$

因此

$$g = \frac{2(h_2/t_2 - h_1/t_1)}{t_2 - t_1} \tag{4-1-2}$$

【实验内容】

(1) 调节自由落体实验仪。挂上线锤，调节调平螺丝，使细线处于两光电管中间。将光电门 1 放在距电磁铁 5～10 cm 处，并在实验中保持不变。

(2) 检查光电门及控制仪是否与计算机连接完好，接通电源，打开控制仪开关，把小球放在磁铁小孔里，适当放置光电门 2。记下两个光电门间的距离 h_1。(本实验中计算机默认值为 $h_1 = 20$ cm，以后每次增加 15 cm，即 $h_2 = 35$ cm、$h_3 = 50$ cm、…。)

(3) 按下控制仪上的"选择"开关，若红灯灭，则按下"电磁铁"开关，使小球下落，计算机会记下小球下落通过 $h_1 = 20$ cm 的时间 t_1。(只有红灯灭才表示本组实验已被计算机选中，否则应检查各处连线是否正确，再重新开始。)

(4) 移动光电门 2，记下 $h_2 = 35$ cm。重复上面步骤并记下 t_2；继续移动光电门 2，记下 h_3、h_4、… 及对应的时间 t_i。(若某次实验有误，可在计算机中单击"取消本次实验数据"。本实验要求测出十组数据。)

【数据处理】

（注：每位学生自己准备一个 U 盘，若实验课上处理不完实验数据，可将实验数据拷贝到 U 盘中，于课后到其他计算机上自行处理完后将数据交给老师。）

当所测数据已足够，需做实验报告时单击"做实验报告"按钮，计算机上出现如图4-1-3所示界面。在此界面上，实验者可根据屏幕左下角所显示的实验数据在 S-T 图上用鼠标描出曲线；在屏幕的右边按指定的处理方法进行相应的数据处理并在空白处填入方程及数据结果；在屏幕上方的空白处填入实验者姓名、学号、班级、日期等。单击"复制数据到软盘中"菜单项，可将本组数据文件复制到软盘中。

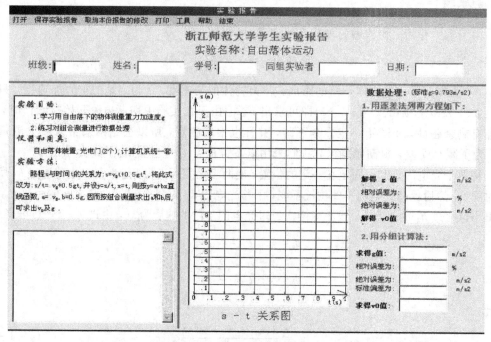

图 4-1-3　实验报告处理界面

（1）用逐差法列方程，如前面式(4-1-2)，将十次实验数据分成两大组：

第一组：$h_1 = v_0 t_1 + \dfrac{1}{2} g t_1^2, \cdots, h_5 = v_0 t_5 + \dfrac{1}{2} g t_5^2$

第二组：$h_6 = v_0 t_6 + \dfrac{1}{2} g t_6^2, \cdots, h_{10} = v_0 t_{10} + \dfrac{1}{2} g t_{10}^2$

各式两端用 t 去除，将第二组和第一组中对应式相减，消去 v_0，即可求出五个 g 值，再求出 $\bar{g}$，之后可将每个 g 值代回原式中求出对应的五个 v_0 值，再求出 $\overline{v_0}$。

（2）相对误差为

$$\varepsilon_r = \frac{\left| \bar{g} - g_标 \right|}{g_标} \times 100\%$$

绝对误差为

$$\varepsilon = \frac{\left| \bar{g} - g_标 \right|}{g_标} \times \bar{g}$$

式中，$g_标 = 9.81\,\mathrm{m/s^2}$，为长春地区重力加速度。

（3）分组计算法。由于本方法和逐差法基本相同，所以本实验中不要求学生完成实验报告中的此项内容。

思 考 题

1. 立柱不铅直对实验是否有影响？
2. 分析实验中误差产生的原因。

实验 4–2 单缝衍射的光强分布

【实验目的】

(1) 观察单缝衍射现象。

(2) 掌握利用计算机采集数据、处理数据的方法。

(3) 通过采集系统实时获得曲线，测量其相对光强分布和衍射角。

【实验器材】

光具座、激光器、组合光栅片、光强分布测量仪、计算机。

【实验原理】

　　光的衍射现象是光的波动性的一种表现，可分为菲涅耳衍射与夫琅和费衍射两类。菲涅耳衍射是近场衍射，夫琅和费衍射是远场衍射，又称平行光衍射。如图 4–2–1 所示，将单色点光源放置在透镜 L_1 的前焦面，经透镜后的光束成为平行光垂直照射在单缝 AB 上，按惠更斯-菲涅耳原理，位于狭缝的波阵面上的每一点都可以看成一个新的子波源，它们向各个方向发射球面子波，这些子波相叠加经透镜 L_2 会聚后，在 L_2 的后焦面上形成明暗相间的衍射条纹，其光强分布规律为

$$I_\theta = I_0 \frac{\sin^2\varphi}{\varphi^2} \qquad (4-2-1)$$

其中，$\varphi = \dfrac{\pi}{\lambda} a \sin\theta$，$a$ 是单缝宽度，θ 是衍射角，λ 为入射光波长。

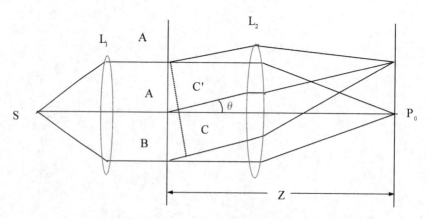

图 4–2–1 单缝衍射

　　参见图 4–2–2，由式(4–2–1)可见：

　　(1) 当 $\theta = 0$ 时，$I_\theta = I_0$，为中央主极大的光强，光强最强，绝大部分的光能都落在中央明纹上。

　　(2) 当 $\sin\theta = \dfrac{K\lambda}{a}(K = \pm 1, \pm 2, \cdots)$ 时，$I_\theta = 0$，为第 K 级暗纹。由于夫琅和费衍射时，θ 很小，有 $\theta \approx \sin\theta$，因此暗纹出现的条件为

$$\theta = \frac{K\lambda}{a} \qquad\qquad (4-2-2)$$

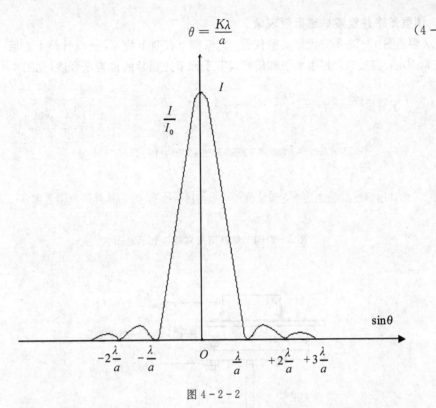

图 4-2-2

(3) 从式(4-2-2)可见，当 $K=\pm1$ 时，为主极大两侧第一级暗条纹的衍射角，由此决定了中央明纹角宽度 $\Delta\theta_0 = \frac{2\lambda}{a}$，其余各级明纹角宽度 $\Delta\theta_K = \frac{\lambda}{a}$，所以中央明纹角宽度是其他各级明纹角宽度的两倍。

(4) 除中央主极大外，相邻两个暗纹级间存在着一些次最大，这些次最大的位置可以从对式(4-2-1)求导并使之等于零而得到。所以，从理论上讲，各级条纹的衍射角及相对光强是可以直接求得的，具体值如表 4-2-1 所示。

表 4-2-1　各级光强的理论值

级数 K	次最大时 θ	相对光强 I/I_0
±1	$\dfrac{1.43\lambda}{a}$	0.047
±2	$\dfrac{2.46\lambda}{a}$	0.017
±3	$\dfrac{3.47\lambda}{a}$	0.008

【实验内容】

单缝衍射光强分布测量系统用线阵 CCD 器件接收光谱图形和光强分布，利用计算机的数据处理能力对采集到的数据进行分析处理，通过直观的方式得到我们需要的结果。

平行光的概念是理想化的概念，实际上，不论采用什么仪器和方法都不能获得绝对的平行光。对于单缝，只要满足远场条件，不用透镜，也可取得较好的实验效果。

1. 调整光路并观察单缝衍射现象

（1）参照图4-2-3安置好实验仪器。光栅架上有两个簧片，光栅片放上去后，用这两个簧片夹紧固定；实验时，利用水平和俯仰调节手调节光栅片的位置至合适（见图4-2-4）。

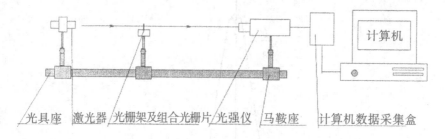

图4-2-3 单缝衍射实验装置示意图

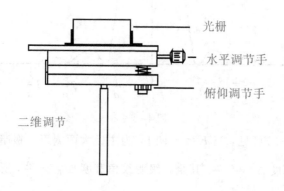

图4-2-4 组合光栅

（2）单缝（即光栅片）与CCD光强仪之间的距离Z应尽可能满足远场条件（$Z \gg a^2/(8\lambda)$，a为缝宽）。

（3）用DB15（15芯）和DB9（9芯）的插头连接USB采集盒和CCD光强仪，再用USB线将USB采集盒与计算机相连。

（4）接通各部件的电源。调节激光器、CCD光强仪的左右上下位置，使激光束通过光栅片的各图形（通过光栅架上的左右移动手轮来选择某一组图形）后能射入CCD光强仪前端的采光窗口，从而射到CCD线阵上。

开始调节时，可先在CCD光强仪的采光窗口前放一张白纸，让衍射光斑射在此白纸上，调节光路，直至衍射图案正确、清晰后再移走白纸，让光斑射入CCD光强仪前端的采光窗口，从而射到CCD线阵上。

2. 测量数据

启动工作软件后点击"开始采集"，仔细调节，应能看到如图4-2-2所示的样本曲线；点击"停止采集"，使待测量的曲线固定在屏幕上。用全局主视窗里的蓝色选择框选择要测量的曲线区域，在局部放大视窗里慢慢移动鼠标，在其下面的数据栏里读取衍射曲线上几个特殊点的X(ch)值、Y(A/D)值，用直尺测量缝到CCD光敏面的垂直距离Z，将数据填入表4-2-2。

表 4 - 2 - 2　光强记录表格

	空间位置 X(ch 值)	ΔX	光强 Y(A/D 值)
中央明纹			
一级暗纹			
一级亮纹			
二级暗纹			
二级亮纹			
三级暗纹			

3. 计算和比较

根据实验数据，可以计算出各级明纹和暗纹的衍射角和相对光强，还可以计算出所用单缝的缝宽 a 和所用光源的波长 λ，与理论值相比较，做出误差分析，并把实验值和理论值填入表 4 - 2 - 3 中。

表 4 - 2 - 3　实验值和理论值比较

	实验值		理论计算值	
	$\theta = \dfrac{\Delta X}{Z}$	相对光强 $\dfrac{I}{I_0}$	$\theta = K\dfrac{\lambda}{a}$	相对光强 $\dfrac{I}{I_0}$
中央明纹				1
一级暗纹				0
一级亮纹				0.0472
二级暗纹				0
二级亮纹				0.0165
三级暗纹				0

4. 观察双缝干涉现象(选作)

注意：

(1) 测量 CCD 器件至单缝的距离 Z 时，要考虑到 CCD 器件的受光面到光强仪前面板之间的距离(4.5 mm)。

(2) 测量相对光强比时，一定要用 Y 值减去多级暗纹 Y 值的平均值，不能直接用 Y 值相比较。

(3) 在本实验中，相对光强＝各点的光强值 Y/中央明纹的光强值 Y。

(4) $\sin\theta$＝待测点与中央明纹的 X 值之差 ΔX/距离 Z。

(5) 实验时，单缝(a＝0.12 mm)采用组合光栅(见图 4 - 2 - 5)上半部分的第 1 组狭缝。其单缝衍射的衍射条纹参考曲线如图 4 - 2 - 6 所示。

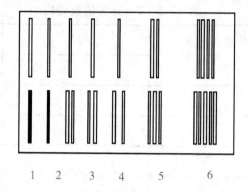

1   2   3   4   5   6

图 4 - 2 - 5 光栅片

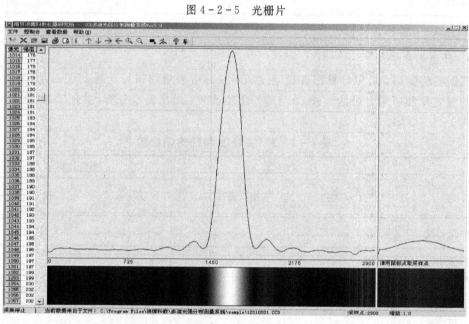

图 4 - 2 - 6 单缝衍射的衍射条纹参考曲线

实验 4 - 3　微机普朗克常量的测定

当光束照射到某些金属表面时，会有电子从金属表面逸出，这种现象称为"光电效应"。对光电效应现象的研究，使人们进一步认识到光的波粒二象性的本质，促进了光的量子理论的建立和近代物理学的发展。现在，根据光电效应制成的光电器件，已经被广泛应用于工农业生产、科研和国防等各个领域。

【实验目的】

(1) 了解光电效应的规律，加深对光的量子性的理解。

(2) 验证爱因斯坦光电效应方程，测出普朗克常数 h。

【实验器材】

普朗克常数测定仪，它由微电流测量仪和实验仪组成。

微电流测量仪包括：微电流放大器、手动调节电压源、自动扫描电压源、数据采集卡等。

实验仪包括：高压汞灯、汞灯电源、滤色片转盘、光孔转盘、光电管等。

【实验原理】

1. 光电效应

在一定频率的光的照射下，电子从金属表面逸出的现象称为光电效应，从金属表面逸出的电子称为光电子。

图 4 - 3 - 1 是研究光电效应实验规律和测量普朗克常数的实验原理图。图中 A、K 组成抽成真空的光电管，A 为阳极，K 为阴极。当频率为 ν 的光射到金属材料做成的阴极 K 上时，就有光电子逸出金属。若在 A、K 两端加上电压 U，则光电子将由 K 定向地运动到 A，在回路中形成光电流 I_0。

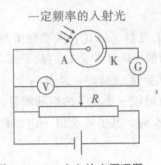

一定频率的入射光

图 4 - 3 - 1　光电效应原理图

由实验可得光电效应的基本实验规律如下：

(1) 光强 P 一定时，随着光电管两端电压 U 的增大，光电流 I 增大并达到饱和。对不同的光强，饱和光电流 I_0 与入射光的光强 P 成正比，其伏安特性曲线如图 4 - 3 - 2 所示。

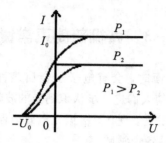

图 4-3-2 伏安特性曲线

（2）当光电管两端加反向电压时，光电流逐渐减小，在光电流减小到零时，所对应的反向电压值称为截止电压 U_0，如图 4-3-2 所示，这表明此时具有最大动能的光电子刚好被反向电压所阻挡，即

$$\frac{1}{2}mv_m^2 = eU_0 \tag{4-3-1}$$

式中，m、v_m 和 e 分别是电子的质量、速度和电荷量。

（3）当改变入射光的频率 ν 时，截止电压 U_0 随之改变。U_0 与 ν 成线性关系，如图 4-3-3 所示。实验表明无论光强多大，照射时间多长，只有当入射光的频率 ν 大于 ν_0 时，才能产生光电效应。ν_0 称为截止频率，其对应的波长称为截止波长，亦称红限。另外，对于不同的金属材料做成的阴极，截止频率 ν_0 也不同。

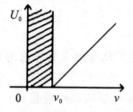

图 4-3-3 截止电压-频率曲线

（4）光电效应是瞬时效应，只要入射光频率 $\nu > \nu_0$，一经光线照射，就立刻产生光电子。

2. 光电效应方程

1905 年，爱因斯坦提出了光量子理论，成功地解释了光电效应。他认为，一束频率为 ν 的光是一束以光速 c 运动的、具有能量 $h\nu$ 的粒子流，这些粒子称为光量子，简称光子。h 为普朗克常量。当光照射到金属表面时，光子一个一个地打在金属表面上，金属中的电子要么不吸收能量，要么就吸收一个光子的全部能量。只有当这个能量大于电子脱离金属表面约束所需的逸出功 A 时，电子才会以一定的初动能逸出金属表面，根据能量守恒有

$$\frac{1}{2}mv^2 = h\nu - A \tag{4-3-2}$$

式（4-3-2）称为爱因斯坦方程，它成功地解释了光电效应的规律。由式（4-3-2）可知，要能够产生光电效应，需要 $\frac{1}{2}mv^2 \geqslant 0$，即 $h\nu - A \geqslant 0$，$\nu \geqslant \frac{A}{h}$，而 $\frac{A}{h}$ 是截止频率 ν_0。

实验时，只要测量出不同频率的光对应的截止电压 U_0，作 $U_0 - \nu$ 曲线，就可得一条直线：

$$eU_0 = \frac{1}{2}mv^2 = h\nu - A$$

$$U_0 = \frac{h\nu}{e} - \frac{A}{e} = \frac{h\nu}{e} - \frac{h\nu_0}{e} \tag{4-3-3}$$

由直线斜率(h/e)可求出普朗克常量 h。从直线与横坐标轴的交点可求出阴极金属的截止频率 ν_0。式(4-3-3)中 e 为电子电量(公认值 $e=1.60\times10^{-19}$ C)。

3.光电管的伏安特性曲线

如图 4-3-4 所示,实线是实验测得的伏安特性曲线,图中虚线表示的是理论曲线,两条曲线的区别在于实验测量的光电流中包含有其他的干扰电流,比如:

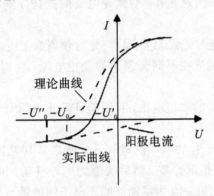

图 4-3-4　实际的伏安特性曲线

(1)暗电流和本底电流。暗电流是由于电子的热运动以及光电管的壳漏电等原因使阴极在未受到光照时产生的电子流。本底电流是由各种杂散光所产生的光电流。暗电流和本底电流还随外加电压的变化而变化。

(2)阳极电流。在制作光电管时,阳极上也会被溅射到阴极材料,所以只要有光照射到阳极上,阳极上的阴极材料也会发射光电子,产生阳极电流。

由于上述干扰电流的存在,当分别用不同频率的入射光照射光电管时,实际测得的光电流是各种电流的代数和,因此导致光电流的截止电压点不再是光电流的零点,而是实测曲线中直线部分和曲线部分相接处的点,称为"抬头点"。"抬头点"所对应的电压就是 $-U_0$。

【**实验内容**】

一、测试前准备

(1)将微电流测量仪和实验仪接通电源(用光孔转盘将入射光源遮住),并预热 30 分钟。

(2)调整光电管和汞灯的距离为 30 cm,并保持不变。用专用屏蔽线将光电暗盒的 A 端与微电流测量仪的电压输出端相连接,并进行测试前调零。实验仪在开机或改变电流量程后,都要进行调零。调零时应该将光电暗盒的 K 端和微电流测量仪的电流输入端断开,旋转"调零"电位器使电流指示为 0.00。

(3)调零完成后用专用的屏蔽线将光电暗盒的 K 端与微电流的电流输入端相连接,仪器进入测试状态。

二、手动测量

1. 验证光电效应的基本规律

(1) 验证光频率一定时，光电流和光强成正比。

① 选取 365 nm 的滤色片和 $\phi10$ 的透光孔，将电压输出调节到 0.00 V，选取 $\times10^{-9}$ 挡位，将光电暗盒分别放置在 30 cm、35 cm、40 cm、45 cm 处，观测光电流的值是否依次减小，如果依次减小则说明光电流与光强成正比。

② 选取 365 nm 的滤色片和 30 cm 的距离，将电压输出调节到 0.00 V，选取 $\times10^{-9}$ 挡位，分别选取 $\phi20$、$\phi10$、$\phi5$ 的透光孔，观测光电流的值是否依次减小，如果依次减小则证明光电流与光强成正比。

(2) 验证光电子的动能与光强无关，只与光的频率成正比。

通过测量同一种频率的光在不同光强下的截止电压，可以验证截止电压和光强无关，即光电子的能量与光强无关。

通过测量不同频率的光的截止电压，可以验证截止电压与光频率的关系，进而验证光电子的能量与光频率成正比。

① 选取 365 nm 的滤光片和 $\phi20$ 的透光孔，选取 $\times10^{-9}$ 挡位，先将光电暗盒放置在 30 cm 处并调节电压使电流指示为零，然后缓慢地向外移动光电暗盒直到 45 cm 处。观察电流指示是否一直为零，如果一直为零则证明光电子的能量与光强无关。

注：由于阳极光电流的存在，在向外移动光电暗盒时，电流指示会略微变大。

② 分别选取 365 nm、405 nm、436 nm、546 nm、577 nm 的滤色片和 $\phi20$ 的透光孔，选取 $\times10^{-10}$ 挡位，将光电暗盒放置在 30 cm 处，测量电流指示为零时的电压值，观测光电流为零时的电压值是否依次增大，如果依次增大则证明光电子的能量与光频率成正比。

(3) 验证光电效应是瞬时效应。

选取 365 nm 的滤色片和 $\phi10$ 的透光孔，将电压输出调节到 0.00 V，选取 $\times10^{-9}$ 挡位，将光电暗盒放置在 30 cm 处，通过光孔转盘来瞬间改变光的有无，观测电流指示是否也瞬时地变化。

2. 测量截止电压

由于存在其他干扰电流的影响，因此，要精确测量截止电压必须采用拐点（抬头点）法来测量。

(1) 将钮子开关置于"手动测量"。

(2) 将光电暗盒置于 30 cm 处并选取 $\phi10$ 的透光孔，选取 $\times10^{-10}$ 挡位，然后依次选取 365 nm、405 nm、436 nm、546 nm、577 nm 的滤光片，从 -5.00 V 开始缓慢地增加一直到 0.00 V，粗略估计电流开始变化的位置，并将数据记录在表 4-3-1 中。

表 4-3-1　截止电压测量数据记录表($L=30$ cm，$\phi=10$ cm)

$U/$ V	365 nm	405 nm	436 nm	546 nm	577 nm
-5.00					
-4.50					
-4.00					

U/ V	365 nm	405 nm	436 nm	546 nm	577 nm
−3.50					
−3.00					
−2.50					
−2.00					
−1.50					
−1.00					
−0.50					
−0.00					

（3）在粗略测量的基础上精确测量"抬头点"电压，每隔 0.02 V 记录一次光电流的数值，并将实验数据记录在表 4 - 3 - 2 中。

表 4 - 3 - 2　光电流数值记录表（$L = 30$ cm，$\varphi = 10$ cm）

365 nm		405 nm		436 nm		546 nm		577 nm	
U /V	I	U/ V	I	U /V	I	U /V	I	U /V	I
−1.90		−1.50		−1.30		−0.80		−0.70	
−1.88		−1.48		−1.28		−0.78		−0.68	
−1.86		−1.46		−1.26		−0.76		−0.66	
−1.84		−1.44		−1.24		−0.74		−0.64	
−1.82		−1.42		−1.22		−0.72		−0.62	
−1.80		−1.40		−1.20		−0.70		−0.60	
−1.78		−1.38		−1.18		−0.68		−0.58	
−1.76		−1.36		−1.16		−0.66		−0.56	
−1.74		−1.34		−1.14		−0.64		−0.54	
−1.72		−1.32		−1.12		−0.62		−0.52	
−1.70		−1.30		−1.10		−0.60		−0.50	
−1.68		−1.28		−1.08		−0.58		−0.48	
−1.66		−1.26		−1.06		−0.56		−0.46	
−1.64		−1.24		−1.04		−0.54		−0.44	
−1.62		−1.22		−1.02		−0.52		−0.42	
−1.60		−1.20		−1.00		−0.50		−0.40	

（4）根据实验数据分别拟合出各种频率光的伏安特性曲线，并找出"抬头点"的电压"$-U_0$"，并将实验数据记录在表 4-3-3 中。

表 4-3-3 "抬头点"电压记录表

λ/nm	365	405	436	546	577	$h/\times 10^{-34}\mathrm{J\cdot S}$	$\sigma/\%$
$v/\times 10^{14}\mathrm{Hz}$	8.22	7.41	6.88	5.49	5.20		
$-U_0/\mathrm{V}$							

3. 普朗克常数的测量

（1）根据表 4-3-3 中的数据拟合出 U_0-ν 的曲线，如果是一条直线，则证明爱因斯坦方程的正确性。

（2）计算出直线的斜率 K，有 $h = eK$，将其与理论值 $h = 6.626 \times 10^{-34}$ J·S 作比较，并计算实验相对误差 σ。

三、自动测量

（1）将纽子开关置于"自动测量"。

（2）将光电暗盒置于导轨上的 30 cm 处，选取 ϕ10 的光孔，分别选取 365 nm、405 nm、436 nm、546 nm、577 nm 的滤光片，并在对应的软件上选取相应的波长，点"刷新"按钮，自动扫描电压将按 10 mV 的步长自动扫描，同时采集卡同步测量与电压值相对应的电流值，扫描结束后相应的曲线将显示在对应的区域内，并通过一定的算法计算出"抬头点"的电压值"$-U_0$"，并在图形的下方显示出 U_0 的值。

（3）此时 5 条曲线会显示在同一个坐标系中，同时会在指定的区域拟合出 U_0-ν 曲线，并计算出直线的斜率、普朗克常数的值以及误差。

注： 软件的详细操作可以查询软件中的"帮助"。

【数据处理】

根据表 4-3-3 中的数据拟合出 U_0-ν 的关系曲线，计算出普朗克常数 h，将其与理论值 $h = 6.626 \times 10^{-34}$ J·S 作比较，并计算实验相对误差 σ。（表中的数据不可能完全在一条直线上，做直线时要尽量使各个点均匀地分布在直线两侧。）

思 考 题

1. 爱因斯坦光电效应方程的物理意义是什么？

2. 什么是截止频率？什么是截止电压？实验中如何确定截止电压？

3. 实验测得的光电管的伏安特性曲线与理想曲线有何不同？"抬头点"的确切含义是什么？

4. 实验结果的精度和误差主要取决于哪几个方面？

实验 4-4　微机牛顿环测透镜的曲率半径

【实验目的】

(1) 掌握牛顿环等厚干涉的原理和特点。

(2) 掌握用牛顿环测平凸透镜曲率半径的方法。

(3) 学会用计算机软件进行数据处理的方法。

【实验器材】

牛顿环仪、钠光灯、CCD 摄像头、光具座等。

【实验原理】

利用透明薄膜上、下两表面对入射光束的依次反射,将入射光的振幅分解成有一定光程差的几个部分,从而可获得相干光。如果入射光束为平行光,则相干光束间的光程差仅取决于薄膜的厚度,同一级干涉条纹对应的薄膜厚度相同,这就是所谓的等厚干涉。等厚干涉条纹的形状决定于薄膜上厚度相同地方的轨迹。

牛顿环仪是用来产生等厚干涉条纹的一种装置。

如图 4-4-1 所示,将一块曲率半径 R 很大的平凸透镜 A 的凸面置于一个光学平玻璃板 B 上,在透镜凸面和平玻璃板之间就形成了一层空气薄膜,其厚度从中心接触点 O 到边缘逐渐增加,等厚膜的轨迹是以接触点为中心的圆,且同一半径处薄膜厚度相等,这些圆称为牛顿环,如图 4-4-2 所示。

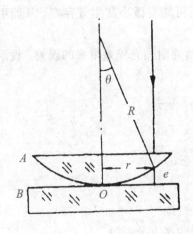

图 4-4-1　牛顿环

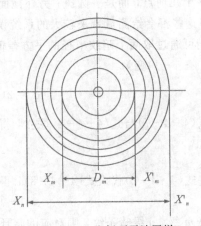

图 4-4-2　牛顿环干涉图样

当波长为 λ 的一束单色光垂直入射到薄膜上时,由厚度为 e 的空气膜上下两表面反射的光所产生的光程差为

$$\delta = 2e + \frac{\lambda}{2} \tag{4-4-1}$$

式中,$\frac{\lambda}{2}$ 是光从平板玻璃表面反射时所产生的半波损失。

设空气膜厚度为 e 的各点离接触点 O 的距离为 r，则由图 $4-4-1$ 的几何关系可得

$$R^2 = r^2 + (R-e)^2$$

化简，同时略去 e^2 项（因 $e \ll R$），得

$$e = \frac{r^2}{2R} \tag{4-4-2}$$

将式（$4-4-2$）代入式（$4-4-1$），得

$$\delta = \frac{r^2}{R} + \frac{\lambda}{2} \tag{4-4-3}$$

当

$$\delta = (2k+1)\frac{\lambda}{2} \quad k = 0, 1, 2, \cdots \tag{4-4-4}$$

时，发生相消干涉，产生暗条纹。

当

$$\delta = k\lambda \quad k = 1, 2, \cdots \tag{4-4-5}$$

时产生明条纹。显然，它们的干涉条纹是以接触点为中心的一系列明暗相间的同心圆环，如图 $4-4-2$ 所示。这种干涉现象最早由牛顿发现，故称为牛顿环。由式（$4-4-3$）和式（$4-4-4$）可得暗纹的半径

$$r_k = \sqrt{kR\lambda} \quad k = 0, 1, 2, \cdots \tag{4-4-6}$$

式中，k 为干涉条纹的级数，r_k 为第 k 级暗纹的半径。

如果已知入射光的波长，并测得第 k 级暗纹的半径 r_k，则由式（$4-4-6$）即可算出透镜表面的曲率半径 R。

在观察反射光的牛顿环时将会发现，牛顿环中心不是一个几何点，而是一个边缘不太清晰的暗圆斑，其主要原因是：透镜和平玻璃板接触时，由于接触压力引起形变，使接触处不是一个几何点，而是一圆斑；另外镜面上还可能有微小灰尘等存在，从而引起附加的光程差，这些都会给测量带来较大的系统误差。

我们可通过取两个暗纹半径的平方差值来消除附加光程差带来的误差。设附加厚度为 α，则式（$4-4-1$）变为

$$\delta = 2(e \pm \alpha) + \frac{\lambda}{2} \tag{4-4-7}$$

将式（$4-4-7$）与式（$4-4-4$）联立，得

$$e = \frac{\lambda}{2}k \pm \alpha \tag{4-4-8}$$

再将式（$4-4-2$）代入式（$4-4-8$），得

$$r^2 = kR\lambda \pm 2R\alpha$$

取第 m 级、n 级暗条纹，则对应的暗环半径的平方分别为

$$r_m^2 = mR\lambda \pm 2R\alpha$$

$$r_n^2 = nR\lambda \pm 2R\alpha$$

两式相减，得

$$r_m^2 - r_n^2 = (m-n)R\lambda \tag{4-4-9}$$

可见式（$4-4-9$）与附加厚度无关。

又因为测量过程中牛顿环的圆心不易确定，故用直径替换，于是有

$$D_m^2 - D_n^2 = 4(m - n)R\lambda$$

因而，透镜的曲率半径为

$$R = \frac{D_m^2 - D_n^2}{4(m - n)\lambda} \tag{4-4-10}$$

【实验内容】

1. 仪器结构

仪器由钠光灯源、聚光镜、牛顿环、定标狭缝、CCD 摄像头、成像透镜、滑座、导轨平台及计算机等组成，如图 4-4-3 所示。聚光镜和成像透镜的结构参数相同，位置可调换。

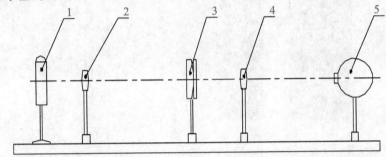

1—钠光灯；2—透镜一（聚光镜）；3—牛顿环；4—透镜二（成像透镜）；5—CCD 摄像头

图 4-4-3　各光具结构示意图

2. 仪器调整方法

(1) 安装硬件：按顺序将钠光灯、聚光镜、牛顿环、CCD 摄像机等依次摆放在导轨平台上，并使各部分同轴。

(2) 将 CCD 摄像头连线插入 USB 端口与计算机主机连接起来。

(3) 调整聚光镜与钠光灯间的距离（约 130 mm），让钠光灯大致处在聚光镜的焦点位置，使从聚光镜出射的光近似为平行光。

(4) 调整光路要注意光源的光斑与各部件保持同轴。可用硫酸纸来观察光斑与各部件的相对位置：

牛顿环与聚光镜的距离约 100 mm；

牛顿环与成像物镜的距离（物距）不小于 300 mm；

成像物镜和 CCD 摄像头的距离（像距）在 150 mm 左右。

在成像物镜和 CCD 摄像头之间插一张硫酸纸（约 60 mm×60 mm）并轴向前后移动寻找光斑，然后将纸靠近 CCD 摄像头（此时光斑约为 4～5 mm），调整摄像头与光斑同轴，此为粗调。然后沿轴向微量移动 CCD 摄像头，在显示器上观察牛顿环的像，像如果不清晰可反复轴向微量移动 CCD 摄像头，使成像清晰。选中合适的牛顿环像拍照并存入硬盘。

若希望牛顿环的像小一些、环的数目多一些，则可少量加大物距并适量缩小 CCD 摄像头与成像透镜的距离，重新找到清晰的像。

(5) 定标狭缝。图像采集完成后，要对系统定标。需要注意的是，应使系统中各部件的相对位置保持不变。撤掉牛顿环，在原位置放置定标狭缝并与光斑同轴，沿轴向小量移动定标狭缝，使其在显示器上成清晰的狭缝像、拍照并存盘（此调整过程中，切勿改变其他部件的位置）。在图像分析时，导入狭缝的像进行定标，以确定像素（mm）。每次实验，除了采集牛顿环的像，还要采集一次狭缝的像，保证定标的准确。

完成以上步骤，即可使用牛顿环图像分析软件进行数据处理。

【数据处理】

CCD牛顿环微机测量装置图像处理。

（1）点击"打开图片"按钮，打开定标所用的图片，如图4-4-4所示。

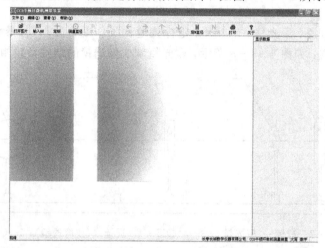

图4-4-4 打开定标所用的图片

（2）点击"定标"按钮，在狭缝成像图片中的两个边缘各点一下鼠标左键，然后再点击"定标"按钮，即完成狭缝定标工作，如图4-4-5所示。

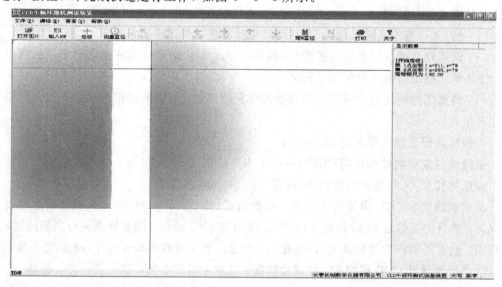

图4-4-5 狭缝定标

（3）点击"打开图片"按钮，打开牛顿环图片，如图4-4-6所示。

（4）点击"输入MN"按钮，输入M、N、λ的值。注意：M的值要大于N的值。然后，单击"确定"按钮即可，如图4-4-7所示。

（5）点击"测量直径"按钮，这时将出现一个圆环，再点击"放大"、"缩小"、"上移"、"下移"、"左移"、"右移"按钮，使这个圆环与所需测量的牛顿环重合，然后点击"定M直

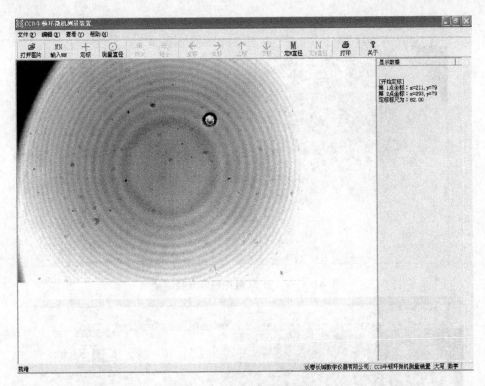

图 4-4-6 打开牛顿环图片

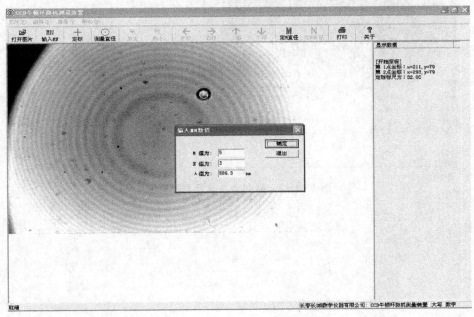

图 4-4-7 输入 M、N、λ 的值

径"按钮，即完成第 M 级牛顿环直径的测量工作，如图 4-4-8 所示。

（6）继续点击"放大"、"缩小"、"上移"、"下移"、"左移"、"右移"按钮，使这个圆环与所需测量的牛顿环重合，然后点击"定 N 直径"按钮，即完成 N 级牛顿环直径的测量工作，如图 4-4-9 所示。

（7）在"显示数据"栏中将看到所得的数据。

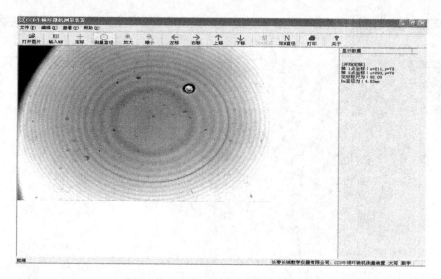

图 4 - 4 - 8　第 M 级牛顿环直径测量

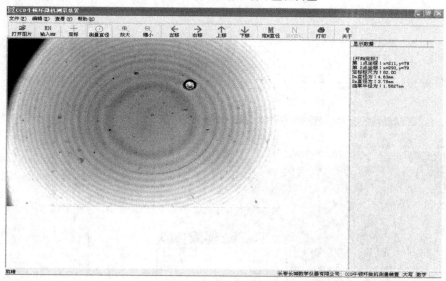

图 4 - 4 - 9　第 N 级牛顿环直径测量

实验 4 – 5 虚拟仿真实验系列

(1) 仿真实验的使用营造了学生自主学习的环境和与真实实验相结合的二段式、三段式教学模式，并使实验教学在空间和时间上得到延伸。在此基础上，建设在校园网上的基于 WEB 的远程仿真实验系统进一步营造了多元化的物理实验教学环境和学生自主学习的平台。

利用大学物理仿真实验，作为真实物理实验的补充，创新教学模式，具有以下意义：

① 计算机仿真实验把实验设备、教学内容(包括理论教学)、教师指导和学习者的思考、操作融合为一体，形成一部可操作教学资源，活的教科书。

② 克服了实验教学长期受到课堂、课时限制的困扰，使实验教学在时间和空间上得到延伸，仿真实验和真实实验相结合，创新了有利学生自主学习的二段式、三段式教学模式。

③ 为学生提供了自主学习的环境，为实现面向大面积学生的设计性、研究性、开放性实验提供了教学条件，使教学资源发挥最大效率。

④ 仿真实验的教学设备的数量、种类不受经费和实验室空间的限制。

⑤ 解决了对大面积学生开设设计性、研究性、开放性实验教学资源不足的困扰。

(2) 目前，学生进行实验预习时只能通过书本进行，只能对理论知识进行预习、复习，这也使得教师无法对学生的预习情况进行有效地检查；物理实验教学中最重要的动手操作预习，由于受到硬件和师资的限制，故无法在实验室开展。这些预习环节的不完善，导致学生无法对实验环境建立直观认识，学生上课前对即将开展的实验过程不熟悉，使得学生在实验中无法有目的、有指导地进行操作和观察，独立思考，利用掌握的知识对现象进行合理分析讨论，解决实验问题。基于此，我们引入大学物理实验预习系统，学生可利用它进行课前预习、课后复习和自我训练，使物理实验教学突破时间和课堂的限制，实现与理论教学相同的学习链。利用预习系统可以让学生深入理解实验，模拟实验操作过程；可以检查学生预习情况，确保学生预习质量。建设理论、动手操作相结合的在线实验预习环境，从根本上解决了实验仪器状况及师资力量不足的问题，为开展面向大量学生的大学物理实验预习提供了可实际操作的平台。

【实验目的】

各实验的实验名称及实验目的如表 4 – 5 – 1 所示。

表 4 – 5 – 1　实验名称及实验目的

实验名称	实验目的
单摆法测量重力加速度	1. 能够自行选择测量仪器、设计实验方案，应用误差均分原理设计单摆装置，测量重力加速度，满足相应的测量精度要求； 2. 学习累积放大法的原理和应用，分析基本误差的来源及进行修正的方法
钢丝杨氏模量的测定	1. 学会用拉伸法测定杨氏模量； 2. 掌握机械和光学放大原理，利用光杠杆测定微小形变的方法； 3. 掌握两种数据处理的方法：逐差法和作图法

实验名称	实验目的
光电效应和普朗克常量的测定	1. 了解光电效应基本规律，并用光电效应方法测量普朗克常量； 2. 学会测量光电管在正压下的伏安特性曲线； 3. 学会测定光电管的光电特性，即饱和光电流与照射光强度的关系曲线
密立根油滴实验	1. 学习测量元电荷的方法，证明电荷的不连续性，所有电荷都是元电荷 e 的整数倍； 2. 训练出实验时应具备的严谨态度和坚韧不拔的科学精神； 3. 学习静态法、动态法等多种测量基本电子电荷的方法
迈克耳逊干涉仪	1. 掌握迈克尔逊干涉仪的干涉原理； 2. 研究非定域干涉和时间相干性； 3. 学会测量激光波长和介质的折射率
偏振光的观察与研究	1. 实验联系课堂理论教学，理解偏振光的物理本质，学会几种偏振光的鉴别； 2. 研究多种光源（自然光、线偏光、圆偏光、椭偏光、部分偏振光）的偏振性质
声速的测量	1. 学会用压电陶瓷超声换能器来测定超声波在空气中的传播速度，它是非电量电测方法的一个典型实验； 2. 掌握对驻波法、相位法测声速，加深对振动合成、波动干涉等理论知识的理解
示波器实验	1. 了解示波器的基本原理和结构； 2. 学习使用示波器观察波形和测量信号周期及其时间参数； 3. 可直接用李萨如图形测信号的频率，方案多样
双臂电桥测低电阻实验	1. 熟悉双臂电桥的原理、特点和接线方法； 2. 掌握测量低电阻的特殊性和采用四端接法的必要性； 3. 了解金属电阻率测量方法的要点
用凯特摆测重力加速度	1. 学习一种比较精确的测量重力加速度的方法； 2. 学习凯特摆的实验设计思想和技巧
不良导体热导率的测量	1. 观察和认识传热现象、过程及其规律； 2. 学习用稳态平板法测量不良导体的导热率，并用作图法求冷却速率
动态磁滞回线的测量	1. 掌握铁磁材料磁滞回线的概念； 2. 掌握用示波器测量动态磁滞回线的原理和方法
分光计实验	1. 训练分光计的调整技术和技巧； 2. 用分光计来测量三棱镜的偏向角
干涉法测微小量	1. 通过对牛顿环及劈尖条纹的观察和测量，了解干涉的基本理论； 2. 学会正确使用读数显微镜、CCD 和监视器
霍尔效应实验	1. 通过用霍尔元件测量磁场，判断霍尔元件载流子类型； 2. 计算载流子的浓度和迁移速度； 3. 了解霍尔效应测试中的各种副效应及消除方法

续表二

实验名称	实验目的
检流计的 特性研究	1. 了解磁电式检流计的结构、原理和运动规律； 2. 掌握测量临界电阻方法； 3. 通过测量检流计的灵敏度和内阻，学习检流计正确的使用方法
交流电桥	1. 掌握交流电桥的组成原理和电桥平衡的调节方法； 2. 学会用交流电桥测量电感和电容
交流谐振电路及 介电常数测量	1. 研究 RLC 串、并联电路的交流谐振现象； 2. 学习测量谐振曲线的方法； 3. 学习并掌握电路品质因数 Q 的测量方法及其物理意义
三线摆法测刚 体的转动惯量	要求学生掌握用三线摆测定物体转动惯量的方法，并验证转动惯量的平行轴 定理
直流电桥测量电阻	1. 用电阻箱和检流计等仪器组成惠斯通电桥电路，以加深对直流单电桥测量电 阻原理的理解； 2. 通过用惠斯通电桥测量电阻，掌握调节电桥平衡的方法； 3. 要求了解电桥灵敏度与元件参数之间的关系，从而正确选择这些元件，以达 到所要求的测量精度

【实验内容】

一、实验操作的基本方法

1. 实验主场景介绍

运行实验后，屏幕上出现实验环境的实验主场景，显示实验数据表格、实验仪器栏、实验内容栏、实验提示栏、工具箱、帮助、实验辅助栏，如图 4-5-1 所示。

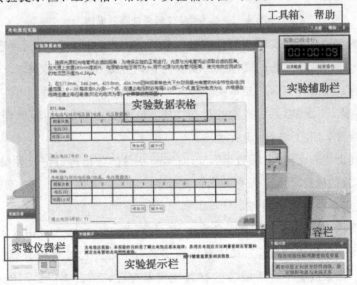

图 4-5-1　实验主场景界面图

（1）实验数据表格：显示实验操作题（考试状态）或实验内容（实验状态）及相应数据表格，用户根据实验操作将相关的实验数据填入表格。关闭实验数据表格后，可以通过点击"记录数据"按钮显示实验数据表格。

（2）实验提示栏：随着鼠标的移动，显示实验的各种提示信息。根据提示按下 F1 键，显示相应的帮助内容。

① 鼠标移动到场景中时，显示实验简介。

② 鼠标移动到仪器上时，显示仪器的名称、说明和使用方法。

③ 鼠标移动到连线上时，显示实验线路的连接方法。

（3）实验仪器栏：存放当前实验中可用的仪器。鼠标移动到仪器上时显示仪器名称，并在实验提示栏中显示仪器简介，如图 4-5-2 所示。如果该仪器已被使用了，则显示一个禁止使用的标志，并在实验提示栏中给出对应提示。

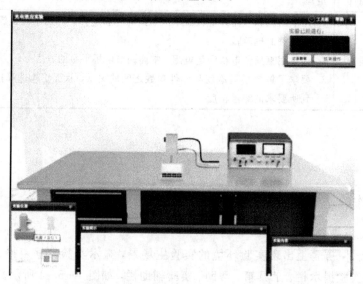

图 4-5-2   实验仪器栏选择界面图

（4）实验内容栏：显示实验中可完成的实验内容，正在进行的实验内容用橙黄色高亮表示，如图 4-5-2 所示。通过鼠标点击实验内容，完成相应的实验要求。

（5）工具箱：点击"工具箱"显示实验中常用的工具，如计算器等。

（6）帮助：点击"帮助"显示实验的帮助文档，包括实验简介、实验原理、实验内容、实验仪器、实验指导，如图 4-5-3 所示。

（7）实验辅助栏：点击"记录数据"，可对实验所得的数据进行记录并保存；点击"结束实验"，可将实验的操作及数据保存并结束实验。

2. 实验主场景中仪器的操作

（1）从仪器栏中选择仪器放置到实验台上。仪器栏中，在所选可用仪器上按下鼠标不要松开，会显示一个仪器的图标。移动鼠标到实验台上合适位置后松开鼠标，该仪器将被放在实验台上。如果放置不合适或者已有其他仪器存在，那么该仪器不能被放入实验台，并自动放回仪器栏。

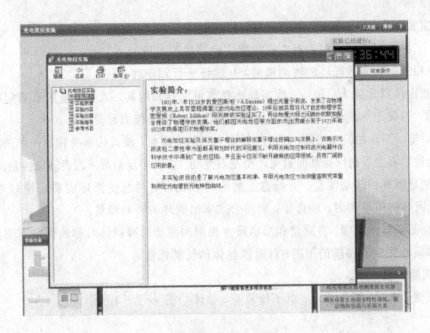

图 4 - 5 - 3　帮助界面

（2）将实验台上多余的仪器放回仪器栏。鼠标移动至所选仪器上按下 Delete 键，如果该仪器处于工作状态，则不能被放回仪器栏；如果该仪器不处于工作状态，系统将提示"确认要将该仪器放回仪器栏"，选择"确定"键，则将该仪器从实验台放回仪器栏。

（3）仪器之间连线/拆线。两个仪器之间连线：鼠标点击仪器的连线柱不要松开，随着鼠标的移动将显示一根移动的连线，鼠标移动到目标仪器的接线柱后，松开鼠标，则将自动在两个仪器之间增加一个连线。

拆除两个仪器之间连线：鼠标点击已有连线不要松开，连线的一端随着鼠标移动，鼠标移动到没有接线柱的位置后松开，即可拆除两个仪器之间连线。

（4）调节仪器。在实验场景中，鼠标移动到指定仪器上，参照"实验提示栏"显示的仪器操作提示，双击鼠标打开仪器的调节窗口，在此窗口中，用户根据"实验提示栏"中的提示信息，通过鼠标左键或右键调节仪器的状态。

二、实验过程（以三线摆实验为例）

1. 实验简介

转动惯量是刚体转动时惯性的量度，其量值取决于物体的形状、质量、质量分布及转轴的位置。刚体的转动惯量有着重要的物理意义，在科学实验、工程技术、航天、电力、机械、仪表等工业领域也是一个重要参量。对于几何形状简单、质量分布均匀的刚体，可以直接用公式计算出它相对于某一确定转轴的转动惯量。对于任意刚体的转动惯量，通常是用实验方法测定出来的。测定刚体转动惯量的方法很多，通常的有三线摆、扭摆、复摆等。

本实验要求学生掌握用三线摆测定物体转动惯量的方法，并验证转动惯量的平行轴定理。

2. 实验原理

实验原理见本书实验 2 - 1 中三线摆法测物体转动惯量。

3. 实验内容

（1）了解三线摆原理以及有关三线摆实验器材的知识。

（2）用三线摆测量圆环的转动惯量，并验证平行轴定理。

① 测定仪器常数 H、R、r。恰当地选择测量仪器和用具，减小测量的不确定度。自拟实验步骤，确保三线摆上、下圆盘的水平，使仪器达到最佳的测量状态。

② 测量下圆盘的转动惯量。扭动三线摆上方的小圆盘，使其绕自身转动一个角度，借助线的张力使下圆盘做扭摆运动而避免产生左右晃动。自己拟定测量下圆盘转动惯量的方法。

③ 测量圆环的转动惯量。下圆盘上放上待测圆环，注意使圆环的质心恰好在转动轴上，测量圆环的质量和内、外直径，利用公式求出圆环的转动惯量。

④ 验证平行轴定理。将质量和形状尺寸相同的两金属圆柱体对称地放在下圆盘上，测量圆柱体质心到中心转轴的距离，计算圆柱体的转动惯量。

4. 实验仪器

三线摆、米尺、游标卡尺、电子停表等，整体如图 4 - 5 - 4 所示。

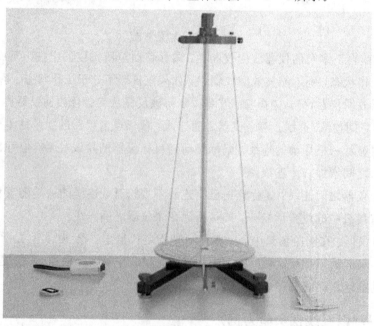

图 4 - 5 - 4　三线摆整体图

1）三线摆

双击三线摆整体图中的三线摆，则会出现三线摆的界面。三线摆包含圆柱体、圆环、水平仪等。将水平仪分别拖动到三线摆支架上方和下圆盘中，测量三线摆是否水平，如图 4 - 5 - 5 所示。

通过三线摆支架下方的两个调节旋钮来调节支架上方的水平，三线摆上，圆盘上方的六个旋钮用来调节下圆盘的水平。当调节下圆盘的水平时，要先将水平调节开关打开，如图 4 - 5 - 6 所示。

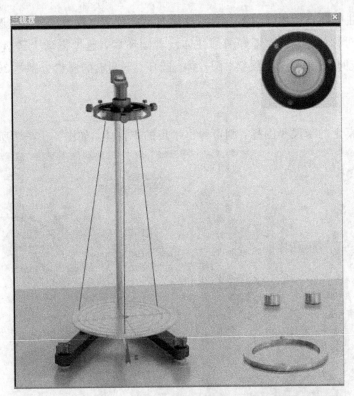

图 4 - 5 - 5　调节三线摆支架上方水平图

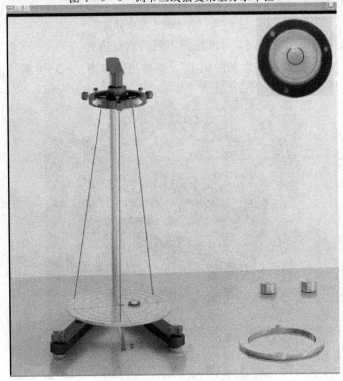

图 4 - 5 - 6　调节三线摆下圆盘水平图

放置物品：用鼠标拖动圆柱体和圆环，放在三线摆的下圆盘中，当放置第二个圆柱体时，第二个圆柱体会自动找到与第一个圆柱体对称的位置。放置圆环时，圆环会自动找到在下圆盘中的对称位置。当放置好两圆柱体或者圆环后，通过拖动上圆盘上的转动图标，选择合适的转动角度来转动三线摆；圆柱体、圆环、下圆盘的质量分别是 200.0 g、385.5 g 和 358.5 g。

2）米尺

双击实验桌上的米尺小图标，则可弹出米尺的主窗体，如图 4-5-7 所示。

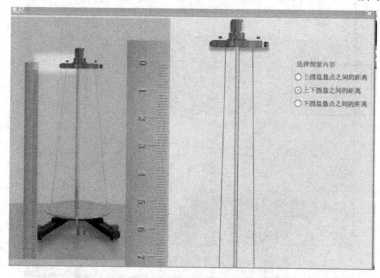

图 4-5-7　米尺主窗体界面图

在米尺主窗体界面图的右侧，可以选择不同的测量内容：

（1）选择测量"上圆盘悬点之间的距离"，则会出现如图 4-5-8 所示的界面。

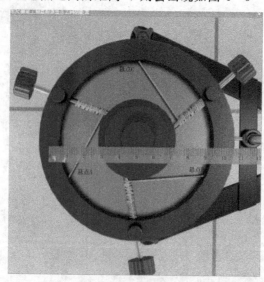

图 4-5-8　测量上圆盘悬点之间的距离界面图

（2）选择测量"上下圆盘之间的距离"，在出现的测量界面中，可以通过拖动左边白色区域来改变中间放大的米尺的视角；也可以上下拖动中间放大的米尺，改变米尺的上下位置。

（3）选择测量"下圆盘悬点之间的距离"，则会出现如图 4-5-9 的界面。

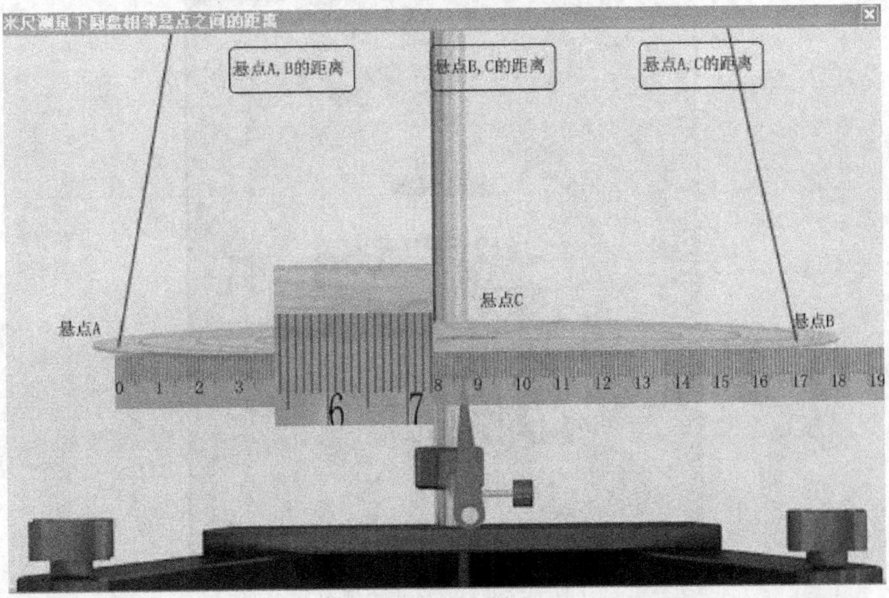

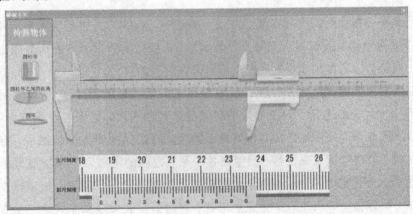

图 4-5-9 测量下圆盘悬点之间的距离界面图

在图 4-5-9 的上方可以选择不同的测量内容；可以左右拖动米尺的位置，也可以左右拖动米尺上方的矩形框来放大显示米尺的读数。

3）游标卡尺

双击桌面上的游标卡尺，则会出现游标卡尺的主视图，点击"开始测量"按钮，则会出现待测物栏，如图 4-5-10 所示。

图 4-5-10 待测物栏

在图 4-5-10 中，右击"锁定"按钮，打开游标卡尺，拖动下爪一段距离；将圆环从待测物栏中拖动到两爪之间，松开鼠标，待测物将会放在合适的位置。

4）秒表

双击三线摆整体图中的秒表，则会出现秒表的主视图，如图 4-5-11 所示。

操作提示：鼠标点击"开始暂停"按钮可以开始或者暂停计时，鼠标点击"复位"按钮可以对秒表复位。

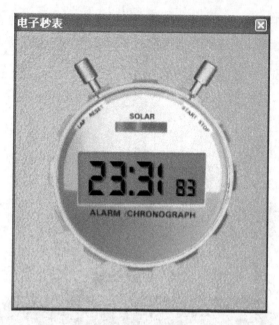

图 4 - 5 - 11　秒表主视图

5. 实验过程

（1）开始实验后，从实验仪器栏中点击并拖曳仪器至实验台上。实验台上的三线摆是不能删除或移动的。将实验仪器栏、实验提示栏和实验内容栏展开，把鼠标移至仪器各部分均会显示说明信息。

（2）双击桌面上的三线摆小图标，弹出三线摆的操作窗体，包括三线摆摆动系统、两个圆柱体、圆环、水平仪等。

（3）将水平仪拖动到三线摆支架上方或下圆盘中，观察三线摆是否水平。可以通过三线摆支架下方两个调节旋钮调节支架上方的水平，三线摆上圆盘上方的六个旋钮调节下圆盘的水平。当调节下圆盘的水平时，要先将水平调节开关打开。

（4）双击桌面上的米尺后，出现米尺的操作主界面，选择"上圆盘悬点之间的距离"，可以通过点击米尺上的选择方向图标来旋转改变米尺的角度，记下各个悬点之间的距离。同理，测量下圆盘悬点之间的距离。在测量下圆盘悬点之间的距离的视图中，有一个放大的区域，有利于清晰地读出刻度数。测量出各个悬点之间的距离后，点击"记录数据"按钮，将测量数据填入弹出的表格中。再用米尺测量出上下圆盘之间的距离，该步骤在米尺的主界面中完成，可以拖动该图左边的白色矩形框，右边同步放大显示米尺和三线摆，也可以拖动中间的米尺，改变其上下位置。

（5）测量没有放置物品时三线摆的转动周期。双击桌面上的电子秒表，将三线摆拖动一个小角度，松开后，记录三线摆转动 20 个周期的时间。

（6）游标卡尺测量圆环的内径。双击桌面上的游标卡尺，出现游标卡尺的主视图，点击"开始测量"按钮后，在该图的左边出现测量内容，右击锁定按钮，打开游标卡尺，拖动下爪一段距离；将圆环从待测物栏中拖动到两爪之间，拖动游标卡尺进行测量，记下读数。如果需要重复测量某一物品时，点击"清除物品"按钮后，再次将物品拖动到游标卡尺上

（下）爪的测量位置。

（7）同理测量圆环的外径、圆柱体的直径以及在下圆盘上放好两圆柱体后两圆柱体之间的距离。

（8）测量三线摆加上圆环后的转动周期。将圆环拖动到三线摆的下圆盘中，放下圆盘时圆盘会自动停在下圆盘的对称位置。转动三线摆，用电子秒表记下周期。

（9）测量下圆盘放好两圆柱体后的转动周期。将两圆柱体放在下圆盘上，当放好一个圆柱体后，拖动另一个圆柱体到下圆盘，松开鼠标后，圆柱体会自动放在与上一个圆柱体对称的位置上。

（10）转动三线摆测量加上两圆柱体后的摆动周期。

（11）完成实验。按照实验内容中的要求完成实验，保存数据，单击"记录数据"按钮则会弹出记录数据页面。

（12）在记录数据页面的相应地方填写实验中的测量数据，点击"关闭"按钮，则暂时关闭该记录数据页面；再次点击"记录数据"按钮，则会继续显示该记录数据页面。

其他实验项目与三线摆实验的操作方式基本类似，这里不做赘述。

思　考　题

1. 调节三线摆的水平时，是先调节上圆盘的水平还是先调节下圆盘的水平？
2. 三线摆的振幅受空气的阻尼会逐渐变小，那么它的周期也会随时间变化吗？
3. 如何测定任意形状物体对特定轴的转动惯量？

附　　录

附录1　中华人民共和国法定计量单位

我国的法定计量单位(以下简称法定单位)包括：

(1) 国际单位制的基本单位(见附表1)；

(2) 国际单位制的辅助单位(见附表2)；

(3) 国际单位制中具有专门名称的导出单位(见附表3)；

(4) 国家选定的非国际单位制单位(见附表4)；

(5) 由以上单位构成的组合形式的单位；

(6) 由词头和以上单位所构成的十进倍数和分数单位(词头见附表5)。

法定单位的定义、使用方法等，由国家计量局另行规定。

附表1　国际单位制的基本单位

量的名称	单位名称	单位符号
长度	米	m
质量	千克(公斤)	kg
时间	秒	s
电流	安[培]	A
热力学温度	开[尔文]	K
物质的量	摩[尔]	mol
发光强度	坎[德拉]	cd

附表2　国际单位制的辅助单位

量的名称	单位名称	单位符号
平面角	弧度	rad
立体角	球面度	sr

附表3　国际单位制中具有专门名称的导出单位

量的名称	单位名称	单位符号	其他表示示例
频率	赫[兹]	Hz	s^{-1}
力；重力	牛[顿]	N	$kg \cdot m/s^2$
压力；压强；应力	焦[耳]	J	N/m^2
能量；功；热	帕[斯卡]	Pa	N/m^2
功率；辐射通量	瓦[特]	W	J/s

量的名称	单位名称	单位符号	其他表示示例
电荷量	库[仑]	C	A·s
电位；电压；电动势	伏[特]	V	W/A
电容	法[拉]	F	C/V
电阻	欧[姆]	Ω	V/A
电导	西[门子]	S	A/V
磁通量	韦[伯]	Wb	V·s
磁通量密度，磁感应强度	特[斯拉]	T	Wb/m^2
电感	亨[利]	H	Wb/A
摄氏温度	摄氏度	℃	—
光通量	流[明]	lm	cd·sr
光照度	勒[克斯]	lx	lm/m^2
放射性活动	贝可[勒尔]	Bq	s^{-1}
吸收到量	戈[瑞]	Cy	J/kg
剂量当量	希[沃特]	Sv	J/kg

附表 4 国家选定的非国际单位制单位

量的名称	单位名称	单位符号	换算关系和说明
时间	分 [小]时 天（日）	min h d	1 min＝60 s 1 h＝60 min＝3600 s 1 d＝24 h＝86 400 s
平面角	[角]秒 [角]分 度	(″) (′) (°)	$1''=(\pi/648\,000)\mathrm{rad}$（π 为圆周率） $1'=60''=(\pi/10\,800)\mathrm{rad}$ $1°=60'=(\pi/180)\mathrm{rad}$
旋转速度	转每分	r/min	$1\ \mathrm{r/min}=(1/60)\ \mathrm{s}^{-1}$
长度	海里	nmile	1 nmile＝1852 m(只用于航程)
速度	节	kn	1 kn＝1 nmile/h(1852/3600) m/s (只用于航程)
质量	吨 原子质量单位	t u	$1\ t=10^3\ kg$ $1\ u\approx1.660\,565\,5\times10^{27}\ kg$
体积	升	L,(1)	$1\ L=1\ dm^2=10^{-3}\ m^3$
能	电子伏	eV	$1\ eV\approx1.602\,189\,2\times10^{-19}\ J$
级差	分贝	1 dB	—
线密度	特[克斯]	tex	1 tex＝1 g/km

附表 5　用于构成十进倍数和分数单位词头

所表示的因数	词头名称	词头符号
10^{18}	艾[可萨]	E
10^{15}	拍[它]	P
10^{12}	太[拉]	T
10^{9}	吉[咖]	C
10^{6}	兆	M
10^{3}	千	k
10^{2}	百	h
10^{1}	十	da
10^{-1}	分	d
10^{-2}	厘	c
10^{-3}	毫	m
10^{-6}	微	μ
10^{-9}	纳[诺]	n
10^{-12}	皮[可]	p
10^{-15}	飞[母托]	f
10^{-18}	阿[托]	a

注：1. 周、月、年(年的符号为 a)，为一般常用时间单位。

2. [　]内的字，是在不致混淆的情况下，可以省略的字。

3. (　)内的字为前者的同义语。

4. 角度单位度分秒的符号不处于数字后时，用括弧。

5. 升的符号中，小写字母 l 为备用符号。

6. γ 为"转"的符号。

7. 人们生活和贸易中，质量习惯称为重量。

8. 公里为千米的俗称，符号为 km。

9. 10^4 称为万，10^8 称为亿，10^{12} 称为万亿，这类数词的使用不受词头名称的影响，但不应与词头混淆。

附录2 法定计量单位名词解释

1. 计量单位

用以量度同类量大小的一个标准量称为计量单位。

例如：我们把光在真空中 299 792 458 分之 1 秒所经过的行程作为量度长度的标准，并称为米，这个标准长度就是长度的计量单位。

2. 基本单位

在一个单位制中基本量的主单位称为基本单位，它是构成单位制中其他单位的基础。而基本量是为确定一个单位制时选定的彼此独立的那些量。在国际单位制中是以长度、质量、时间、电流、热力学温度、物质的量、发光强量这七个量为基本量的。

例如：选定了厘米、克、秒作为基本单位，可以构成力学领域的全部单位，也可以选定米、千克、秒作为基本单位来构成力学领域的全部单位。国际单位制的基本单位共有七个，可适应各个科学技术领域的需要。

3. 导出单位

在选定了基本单位之后，按物理量之间的关系，由基本单位以相乘、相除的形式构成的称为导出单位。

例如：国际单位制中，速度的单位"米/秒"就是由基本单位米除以基本单位秒构成的；密度的单位"千克/立方米"就是由基本单位千克除以基本单位米的三次方构成的。

4. 辅助单位

国际上把既可作为基本单位又可作为导出单位的单位，单独作为一类，称为辅助单位。在国际单位制中，平面角的单位弧度和立体角的单位球面度就是辅助单位。实用中根据方便，既可以用它的单位名称，也可以用纯数来表示平面角和立体角。

5. 单位制

在选定基本单位之后，按一定的物理关系可以构成一系列的导出单位。这样，基本单位和导出单位构成了一个完整的体系，称为单位制。

单位制随基本单位的选择而不同。

例如：在确定厘米、克、秒为基本单位后，速度单位为厘米/秒、密度单位为克/立方厘米、力的单位为达因、功的单位为尔格等构成一个体系，称为厘米·克·秒制。同样，以米·千克·秒作为基本单位，可以构成另一套体系，其速度单位为米/秒、密度单位为千克/立方米、力的单位为牛顿、功的单位为焦耳等，而称之为米·千克·秒制。

6. 国际单位制

国际单位制是指国际计量大会在 1960 年通过的，以：长度的米、质量的千克、时间的秒、电流的安培、热力学温度的开尔文、物质的量的摩尔、发光强度的坎德拉七个单位为基本单位；以平面角的弧度、立体角的球面度两个单位为辅助单位的一种单位制。

由于它具有这七个基本单位和两个辅助单位，所以它可以构成不同科学技术领域中所需要的全部单位。它是在米制基础上发展起来的米制的现代化形式。

7. 组合形式单位

组合形式单位可简称为组合单位，指由两个或两个以上的单位用相乘、相除的形式组合而成的新的单位，也包括只有一个单位，但分子为1的单位。构成组合单位的单位可以是具有专门名称的导出单位和国家选定的非国际单位制单位，也可以是它们的十进倍数或分数单位。

例如：电量的单位"千瓦小时"，压力单位"牛顿/平方米"等。

8. 米制

米制原名米突制，我国曾称为公制，现已被国际单位制所代替。

9. 词头

词头又称前缀、词冠。

在西文语言中，词头是加在另外一个词的前面，与那个词一起构成一个具有另外含义的新词的构词成分。词头都有特定的含义，但本身不是词，不能单独作为词使用，汉语中没有这种成分，只有某些汉字的偏旁部首与其类似。

在国际单位制中，用于构成单位的十进倍数和分数的词头，国际上称为 SI 词头。

10. 主单位

在国家制定的法定计算单位中，尽管一种物理量有大小若干个单位，但有独立定义的却只有一个，这个单位称为主单位，而其余的单位则以这个单位为基础给予定义。

例如：1959 年 6 月 25 日，国务院命令中规定长度的主单位为米，而厘米、毫米等则按米给予定义。

在国际单位制中，基本单位、辅助单位，有专门名称的导出单位以及直接由以上这些单位构成的组合形式的单位（不能带有非 1 的系数）都是主单位。国际上规定称这些单位为 SI 单位。

例如：体积的 SI 单位是"立方米"，速度的 SI 单位是"米/秒"。

11. 倍数和分数单位

倍数和分数单位是相对于主单位而言的。在国际单位制中是相对于 SI 单位而言的。

长度的 SI 单位是米，但只有米是满足不了需要的，在许多情况下很不方便，因此还需要有千米（公里）、毫米、微米等，这就是它的倍数和分数单位。

在国际单位制中，十进倍和分数单位只能由词头加在 SI 单位之前构成，只有质量单位例外，由词头加在克前构成。这样构成的单位也都是国际单位制中的单位。同样，也都是我国的法定计量单位。

12. 法定计量单位

法定计量单位是由国家以法令形式规定允许使用的计量单位。从事这种立法的国际协调组织是国际法制计量组织。

附录3　基本物理常数

真空中的光束	$C_0 = 2.997\,924\,58 \times 10^8$ m/s
电子的电荷	$e = 1.602\,189\,2 \times 10^{-19}$ C
普朗克常数	$h = 6.626\,176 \times 10^{-34}$ J·s
阿伏伽德罗常数	$N_A = 6.022\,045 \times 10^{23}$ mol^{-1}
原子质量单位	$u = 1.660\,565\,5 \times 10^{-27}$ kg
电子的静止质量	$m_e = 9.109\,534 \times 10^{-31}$ kg
电子的荷质比	$e/m_e = 1.758\,804\,7 \times 10^{11}$ C/kg
法拉第常数	$F = 9.648\,456 \times 10^4$ C/mol
氢原子的里德伯常数	$R_\infty = 1.096\,776 \times 10^7$ m^{-1}
摩尔气体常数	$R = 8.314\,41$ J/mol·K
玻尔兹曼常数	$k = 1.380\,662 \times 10^{-23}$ J/K
洛喜密德常数	$n = 2.687\,19 \times 10^{25}$ m^{-3}
万有引力常数	$G = 6.672\,0 \times 10^{-11}$ N·m^2/kg^2
标准大气压	$P_0 = 101\,325$ Pa
冰点的绝对温度	$T_0 = 273.15$ K
标准状态下声音在空气中的速度	$c_声 = 331.46$ m/s
标准状态下干燥空气的密度	$\rho_{空气} = 1.293$ kg/m^3
标准状态下水银的密度	$\rho_{水银} = 135\,95.04$ kg/m^3
标准状态下理想气体的摩尔体积	$V_m = 22.413\,83 \times 10^{-3}$ m^3/mol
真空的介电系数(电容率)	$\varepsilon_0 = 8.854\,188 \times 10^{-12}$ F/m
真空的磁导率	$\mu_0 = 12.566\,371 \times 10^{-7}$ H/m
钠光谱中黄线的波长	$D = 589.3 \times 10^{-9}$ m
在 15℃，101 325 Pa 时	
镉光谱中红线的波长	$\lambda_{ml} = 643.846\,96 \times 10^{-9}$ m

附录 4　在 20℃时常用固体和液体的密度

物质	密度 $\rho/\text{kg} \cdot \text{m}^{-3}$
铝	2698.9
铜	8960
铁	7874
银	10 500
金	19 320
钨	19 300
铂	21 450
铅	11 350
锡	7 298
水银	13 546.2
钢	7 600～7900
石英	2 500～2800
水晶玻璃	2900～3000
窗玻璃	2400～2700
冰(0℃)	880～920
甲醇	792
乙醇	789.4
乙醚	714
汽车用汽油	710～720
弗利昂—12	1329
(氟氯烷—12)	—
变压器油	840～890
甘油	1260
蜂蜜	1435

附录 5　在标准大气压下不同温度的水的密度

温度 $t/℃$	密度 $\rho/\text{kg} \cdot \text{m}^{-3}$	温度 $t/℃$	密度 $\rho/\text{kg} \cdot \text{m}^{-3}$
0	999.841	25	997.044
1	999.900	26	996.783
2	999.941	27	996.512
3	999.965	28	996.232
4	999.973	29	995.944
5	999.965	30	995.646
6	999.941	31	995.340
7	999.902	32	995.025
8	999.849	33	994.702
9	999.781	34	994.371
10	999.700	35	994.031
11	999.605	36	993.68
12	999.498	37	993.33
13	999.377	38	992.96
14	999.244	39	992.59
15	999.099	40	992.21
16	998.943	41	991.83
17	998.774	42	991.44
18	998.595	50	988.04
19	998.405	60	983.21
20	998.203	70	977.78
21	997.992	80	971.80
22	997.770	90	965.31
23	997.538	100	958.35
24	997.296		

附录6　在海平面上不同纬度处的重力加速度①

纬度 $\varphi/°$	$g/\text{m} \cdot \text{s}^{-2}$
0	9.780 49
5	9.780 88
10	9.782 04
15	9.783 94
20	9.786 52
25	9.789 69
30	9.793 38
35	9.797 46
40	9.801 80
45	9.806 29
50	9.810 79
55	9.815 15
60	9.819 24
65	9.822 94
70	9.826 14
75	9.828 73
80	9.830 65
85	9.831 82
90	9.832 21

① 表中所列数值是根据公式 $g = 9.780\,49(1 + 0.005\,288\sin^2\varphi - 0.000\,006\sin^2 2\varphi)$ 算出的，其中 φ 为纬度。

附录7　各种固体的弹性模量

名　称	杨氏模量 $E/(10^{10}\ \text{N}\cdot\text{m}^{-2})$	切变模量 $G/(10^{10}\ \text{N}\cdot\text{m}^{-2})$	泊松比 σ
金	8.1	2.85	0.42
银	8.27	3.03	0.38
铂	16.8	6.4	0.30
铜	12.9	4.8	0.37
铁（软）	21.19	8.16	0.29
铁（铸）	15.2	6.0	0.27
铁（钢）	20.1～21.6	7.8～8.4	0.28～0.30
铝	7.03	2.4～2.6	0.355
锌	10.5	4.2	0.25
铅	1.6	0.54	0.43
锡	5.0	1.84	0.34
镍	21.4	8.0	0.336
硬铝	7.14	2.67	0.335
磷青铜	12.0	4.36	0.38
不锈钢	19.7	7.57	0.30
黄铜	10.5	3.8	0.374
康铜	16.2	6.1	0.33
熔融石英	7.31	3.12	0.170
玻璃（冕牌）	7.1	2.9	0.22
玻璃（火石）	8.0	3.2	0.27
尼龙	0.35	0.122	0.4
聚乙烯	0.077	0.026	0.46
聚苯乙烯	0.36	0.133	0.35
橡胶（弹性）	$(1.5～5)\times10^{-4}$	$(5～15)\times10^{-5}$	0.46～0.49

附录 8 液体的比热容

液 体	温度/℃	比 热 容	
		$KJ \cdot kg^{-1} \cdot K^{-1}$	$kcal \cdot kg^{-1} \cdot ℃^{-1}$
乙醇	0	2.30	0.55
	20	2.47	0.59
甲醇	0	2.43	0.58
	20	2.47	0.59
乙醚	20	2.34	0.56
水	0	4.220	1.009
	20	4.182	0.999
氟利昂—12(氟氯烷—12)	20	0.84	0.20
变压器油	0~100	1.88	0.45
汽油	10	1.42	0.34
	50	2.09	0.50
水银	10	0.1465	0.0350
	20	0.1390	0.0332

附录 9 在 20℃时与空气接触的液体的表面张力系数

液 体	$\sigma/\mathrm{mN \cdot m^{-1}}$
航空汽油(在 10℃)时	21
石油	30
煤油	24
松节油	28.8
水	72.75
肥皂溶液	40
氟利昂—12	9.0
蓖麻油	36.4
甘油	63
水银	513
甲醇	22.6
在 0℃时	24.5
乙醇	22.0
在 60℃时	18.4
在 0℃时	24.1

附录 10　在不同温度下与空气接触的水的表面张力系数

温度℃	$\sigma/\mathrm{mN \cdot m^{-1}}$	温度℃	$\sigma/\mathrm{mN \cdot m^{-1}}$
0	75.62	20	72.75
5	74.90	21	72.60
6	74.76	22	72.44
8	74.48	23	72.28
10	74.20	24	72.12
11	74.07	25	71.96
12	73.92	30	71.15
13	73.78	40	69.55
14	73.64	50	67.90
15	73.48	60	66.17
16	73.34	70	64.41
17	73.20	80	62.60
18	73.05	90	60.74
19	72.89	100	58.84

附录 11　不同温度时水的黏滞系数

温度/℃	黏滞系数 η	
	$\mu Pa \cdot s$	$kgf \cdot s \cdot m^{-2}$
0	1787.8	182.3×10^{-6}
10	1305.3	133.1×10^{-6}
20	1004.2	102.4×10^{-6}
30	801.2	81.7×10^{-6}
40	653.1	66.6×10^{-6}
50	549.2	56.0×10^{-6}
60	469.7	47.9×10^{-6}
70	406.0	41.4×10^{-6}
80	355.0	36.2×10^{-6}
90	314.8	32.1×10^{-6}
100	282.5	28.8×10^{-6}

附录 12 液体的黏滞系数

液体	温度/℃	$\eta/\mu Pa \cdot s$
汽油	0	1778
	18	530
甲醇	0	817
	20	584
乙醇	−20	2780
	0	1780
乙醚	20	1190
	0	296
变压器油	20	243
蓖麻油	20	19 800
葵花子油	10	242×10^4
	20	50 000
甘油	−20	134×10^6
	0	121×10^5
	20	1499×10^3
	100	12 945
蜂蜜	20	650×10^4
	80	100×10^3
鱼肝油	20	45 600
	80	4600
水银	−20	1855
	0	1685
	20	1554
	100	1224

附录 13　某些金属和合金的电阻率及其温度系数①

金属或 合金	电阻率 $/\mu\Omega \cdot m$	温度系数 $/°C^{-1}$
铝	0.028	42×10^4
铜	0.0172	43×10^4
银	0.016	40×10^4
金	0.024	40×10^4
铁	0.098	60×10^4
铅	0.205	37×10^4
铂	0.105	39×10^4
钨	0.055	48×10^4
锌	0.059	42×10^4
锡	0.12	44×10^{-4}
水银	0.958	10×10^{-4}
武德合金	0.52	37×10^{-4}
钢(0.10%～0.15%碳)	0.10～0.14	6×10^{-3}
康铜	0.47～0.51	$(-0.04～0.01)\times10^{-3}$
铜锰镍合金	0.34～1.00	$(-0.03～0.02)\times10^{-3}$
镍铬合金	0.98～1.10	$(0.03～0.4)\times10^{-3}$

① 电阻率跟金属中的杂质有关，因此表中列出的只是 20℃时电阻率的平均值。

附录 14 一些液体和光学材料的折射率

波长\物质	H_α(线)(656.3 nm)	D 线(589.3 nm)	H_β 线(468.1 nm)
水(18℃)	1.3314	1.3332	1.3373
乙醇(18℃)	1.3609	1.3625	1.3665
二硫化碳(18℃)	1.6199	1.6291	1.6541
冕玻璃(轻)	1.5127	1.5153	1.5214
冕玻璃(重)	1.6126	1.6152	1.6213
燧石玻璃(轻)	1.6038	1.6085	1.6200
燧石玻璃(重)	1.7434	1.7515	1.7723
方解石(寻常光)	1.6545	1.6585	1.6679
方解石(非常光)	1.4846	1.4864	1.4908
水晶(寻常光)	1.5418	1.5442	1.5496
水晶(非常光)	1.5509	1.5533	1.5589

附录 15 常用光源的谱线波长表(单位：mm)

一、H(氢)	626.65 橙
656.28 红	621.73 橙
486.13 绿蓝	614.31 橙
434.05 蓝	588.19 黄
410.17 蓝紫	585.25 黄
397.01 蓝紫	四、Na(钠)
二、He(氦)	589.592(D_1)(黄)
706.52 红	588.995(D_2)黄
667.82 红	五、H_E(汞)
587.56(D_3) 黄	623.44 橙
501.57 绿	579.07 黄
492.19 绿蓝	576.96 黄
47.31 蓝	546.07 绿
447.15 蓝	491.60 绿蓝
402.62 蓝紫	435.83 蓝
388.87 蓝紫	407.78 蓝紫
三、Ne(氖)	404.66 蓝紫
650.65 红	六、He-Ne 激光
640.23 橙	632.8 橙
638.30 橙	

附录 16　几种显影液配方汇集

1. 富士 FD—105 显影液配方(通用)

温水(52℃) ………………………………………………………… 750 ml
米吐尔 ……………………………………………………………… 2 g
无水亚硫酸钠 ……………………………………………………… 30 g
海得尔(对苯二酚) ………………………………………………… 7 g
无水碳酸钠 ………………………………………………………… 53 g
溴化钾 ……………………………………………………………… 1.5 g
加水至 ……………………………………………………………… 1000 ml

2. X 射线胶片显影液配方

因 X 射线片的种类型号很多,各自有专用配方,下面介绍几种常见的配方供参考。

1) 柯达 D-19 显影液

温水(50℃) ………………………………………………………… 750 ml
米吐尔 ……………………………………………………………… 2.2 g
无水亚硫酸钠 ……………………………………………………… 96 g
对苯二酚 …………………………………………………………… 8.8 g
无水碳酸钠 ………………………………………………………… 48 g
溴化钾 ……………………………………………………………… 5 g
加水至 ……………………………………………………………… 1000 ml

显影液温度 20℃,显影时间 5 min。

2) 上海胶片显影液

温水(50℃) ………………………………………………………… 750 ml
米吐尔 ……………………………………………………………… 3.5 g
无水亚硫酸钠 ……………………………………………………… 60 g
对苯二酚 …………………………………………………………… 9 g
无水碳酸钠 ………………………………………………………… 40 g
溴化钾 ……………………………………………………………… 3.5 g
加水至 ……………………………………………………………… 1000 ml

显影温度 18℃,时间 3～5 min。

3）天津胶片显影液

温水（50℃）·· 750 ml

米吐尔 ·· 2.2 g

无水亚硫酸钠·· 72 g

对苯二酚 ··· 8.8 g

无水碳酸钠·· 48 g

溴化钾 ·· 4 g

加水至 ·· 1000 ml

显影条件：18℃，4～8 min。

参 考 文 献

[1] 杨述武. 普通物理实验. 北京：高等教育出版社，2000.

[2] 林抒，龚镇雄. 普通物理实验. 北京：人民教育出版社，1981.

[3] 王惠棣，等. 物理实验. 天津：天津大学出版社，2002.

[4] 吴泳华，等. 大学物理实验. 北京：高等教育出版社，2000.

[5] 王福芳，等. 普通物理实验. 北京：兵器工业出版社，1997.

[6] 代玉萍，等. 大学物理实验. 北京：兵器工业出版社，2006.

[7] 张山彪，等. 基础物理实验. 北京：科学出版社，2009.

[8] 王德丰，等. 普通物理实验. 长春：东北师范大学出版社，2011.